W0215550

BERNARD DUSSOL

Calypso

Der Kampf um Cousteaus Vermächtnis

BERNARD DUSSOL

Calypso

DER KAMPF UM COUSTEAUS VERMÄCHTNIS

KOSMOS

»Das Meer duldet keine Aufschneiderei,
weder auf dem Wasser noch unter Wasser.
Das ist das Geheimnis seines
Zaubers und seiner Größe.«

BERTRAND POIROT-DELPECH

Anlässlich der Aufnahme von Cousteau in die Académie française

INHALT

Ich mag Cousteau. Trotz allem.

Trotz der heutzutage verbreiteten Tendenz, die Ikonen zu verbrennen, nachdem man sie angebetet hat.

Trotz all der nicht autorisierten Biografien, trotz der Offenbarungen, die mit jedem neuen Buch – nicht ausgenommen ist hier das seines Sohnes Jean-Michel – weitere, zum Teil äußerst unsympathische Aspekte seiner unglaublich komplexen Persönlichkeit enthüllen.

Aber gut, Cousteau ist nun einmal Cousteau.

Der Mann mit der roten Mütze, der uns als Kinder in Bann schlug und das *grand bleu,* die blaue Tiefe der Meere für uns noch anziehender machte.

Sein Engagement für das Leben hat uns alle bewegt. Noch vor Abbé Pierre und Mutter Teresa war er der bekannteste und weltweit am meisten geschätzte Franzose, der Seefahrer mit Visionen, der zu einer Art Frühwarnsystem für unseren Planeten geworden war.

Was für eine enorme Verantwortung
auf den Schultern eines einzigen Mannes!

Er wurde der Erzählonkel unserer Sonntagnachmittage, der von Abenteuern unter Wasser und zu Lande berichtete, die uns sprachlos machten vor Staunen und uns den Atem nahmen. Unsere Blikke verloren sich in jenem Anderswo, das er uns mit der ungezähmten Energie eines Pioniers enthüllte. Er hat als Forscher – fein geschnittene Nase und immer eine Pfeife im Mundwinkel – eine tiefe menschliche Neugier in uns gestillt, weil er uns in eine magische Welt einführte, die bis dahin einigen Privilegierten vorbehalten gewesen war.

Mit ihm zusammen haben seine Söhne Jean-Michel und Philippe, und auch Albert Falco, André Laban, Jean Alinat, Philippe Tailliez, Frédéric Dumas, Émile Gagnan (und viele andere) einen ganz eigenen Stil geprägt, neue Techniken erforscht, eine fremde Welt entdeckt und ein neues umweltpolitisches Koordinatensystem ermittelt.

Begonnen hatte alles im Süden, unter dem milden Blick der *Bonne-Mère*, dem Wahrzeichen von Marseille[1]. Was für ein Abenteuer war das für die Bande von Halbwüchsigen aus Marseille, die im Mittelmeer Zackenbarsche jagten. Diese eigenartige, damals seltene Leidenschaft wird ihnen Flügel verleihen und sie für alle möglichen Verrücktheiten wappnen. Bald schon lassen sie ihre Harpunen links liegen und greifen stattdessen nach der Kamera. An der Seite von Cousteau werden sie ein Universum, das Meer, erforschen und uns die Geheimnisse dieses verborgenen Erdteils enthüllen.

Ihr Zuhause schlingerte und schaukelte. Es krängte bei starkem Seegang, aber es bahnte sich beharrlich seinen Weg durch die Weltmeere und war dabei Schutzraum für ihre Sorgen und ihre Freuden.

Ihr Zuhause war ein Schiff, die *Calypso*. Trotz ihrer kleinen Ausmaße genoss sie höchstes Ansehen. Eine Königin in Weiß und Schwarz, Botschafterin eines fluiden Territoriums mit bislang unerforschten Grenzen.

Ihre Zukunft war also Tauchen. Sein Leben riskieren. Sich von der irdischen Schwerkraft befreien, das flüssige Element bezwingen, (fast) wie ein Fisch schwimmen, biegsam wie ein kleiner Zweig, und gleichzeitig seinen Blick auf diese Welt mitteilen und den Menschen auf der Erde ihre Unruhe nehmen angesichts eines der größten Geheimnisse, die die Menschheit kannte.

Cousteau verbannt Jules Verne und Kapitän Nemo mit seinem Riesenkraken in die Abteilung für kurzlebige Kinderunterhaltung. Seine Filme enthüllen die äußerste Schönheit einer Lebenswelt, von der man glaubte, dort lauerten schauerliche Tiere und grenzenlose Gefahren. Seine Mannschaft aus Tauchern und Filmleuten versöhnt uns mit dem geheimnisvollen Teil unseres Planeten und ist sich dabei des paradoxen Ergebnisses nicht bewusst: Je ausführlicher sie das Leben unter Wasser abfilmen, umso mehr regen sie zum Träumen an.

---

1 Es handelt sich um die vergoldete Marienstatue auf der Kuppel der Basilika Notre-Dame-de-la-Garde von Marseille. [Anm. d. Übers.]

Für alles, was er geschaffen hat, wozu er ermutigt hat, für seine Überzeugungen, für die Bilder, die unsere Vorstellungskraft angeregt haben und bei denen wir in Erinnerungen schwelgen, verdient Cousteau, dass wir ihm in gelassener Gemütsverfassung begegnen.

Für die, die ihm sehr nahe standen, bleibt Jacques-Yves Cousteau JYC oder noch häufiger der »Kommandant«. Eine vielsagende Anrede, die den äußersten Respekt, den seine Mitarbeiter und seine Familie für ihn hatten, zum Ausdruck bringt. Alle, die ihn kennenlernten, wurden mit dem Brandeisen seines Willens gezeichnet und sie erinnern sich an einen Mann, der vorwärtsschritt und nie einen Blick zurückwarf.

»Rückspiegel sind zum Kaputtmachen da.«

Dies war einer seiner Lieblingssprüche, und er verheizte Leben wie Brennmaterial, um damit seine Traummaschinerie zu befeuern.

Heute sehen sich die ehemaligen Besatzungsmitglieder staunend und ungläubig an, wenn sie an die Kühnheit jener Zeit denken, als das Tauchen mit der Taucherlunge noch ein ständiger Flirt mit der Gefahr und dem Tod war. Auf diesem Terrain wartete noch alles darauf, entdeckt und erfunden zu werden. Nach 50 Jahren kehren die Pioniere nicht unbeschadet von dieser Reise zurück. Familie, Frau, Kinder, oft haben sie alles zurückgelassen (oder alles im Stich gelassen?), um Cousteau im Kielwasser der *Calypso* oder der *Alcyone* zu folgen. Wie hätte man es denn auch ablehnen können, zu den Urhebern einer der großartigsten Entdeckungen des 20. Jahrhunderts zu gehören: das Leben in der Unterwasserwelt?

André Laban, der die ersten wasserdichten Kameras und die »tauchenden Untertassen«, die Forschungstauchboote, entwickelt hat, sagt es ohne Umschweife: »Dieses Schiff, die *Calypso*, war für uns so etwas wie ein Kloster. Ich bin dem »Cousteauismus« beigetreten, wie man sich einer Religion anschließt ... «

Armstrong war auf dem Mond, 400 000 Kilometer von unserem Planeten entfernt. In einer Tiefe von achtzehn Metern unter der Meeresoberfläche treffen wir Cousteau und Falco, in einem Meer, das sich niemand als Schauplatz der Abenteuer mit Jojo, dem Zackenbarsch vorstellen konnte. Es erforderte mehr als Talent, einem Fisch einen Namen zu geben und ihn zu einer weltweit bekannten Persönlichkeit zu machen. Dazu musste man ein Avantgardist sein, der mit seiner Zeit symbiotisch verbunden ist.

Aber Cousteau ist nicht nur der geniale Erfinder seiner selbst als die kantige und eckige Gestalt mit der roten Mütze. Wenn er auch sein Leben perfekt gemeistert hat, wenn er von seinen außergewöhnlichen Qualitäten, Menschen zu führen, zu profitieren wusste, so deutet doch alles darauf hin, dass er seine Nachfolge nicht richtig vorbereitet hat. Damit ist nicht die testamentarische Nachfolge gemeint, die im Gegenteil von klinischer Präzision zeugt. Vielmehr gab es einfach keinen designierten Thronfolger, was zu gewaltigen Unruhen führte.

Als Jacques-Yves Cousteau am 25. Juni 1997 in seinem Pariser Domizil stirbt, wankt das von ihm erschaffene Imperium in seinen Grundfesten. Über eingeschaltete Dritte nehmen sich seine Erben gegenseitig unter Beschuss und klagen jeder den Anspruch auf die Verwaltung seiner Geschäfte für sich ein.

Zwei Clans stehen sich in der Folgezeit gegenüber.

Zunächst sein Sohn Jean-Michel, Partner der ersten Stunde, treuer Mitarbeiter, aber oft von einem unerbittlichen Vater auf Abwege gebracht. Aber hat er nicht letztendlich die Legitimität des Blutes auf seiner Seite?

Das hieße, die Rechnung ohne Francine Cousteau zu machen, der zweiten Frau des Kommandanten. Jahrelang hat die ehemalige Stewardess im Schatten ihres berühmten Mannes gelebt. Trotz der zwei Kinder, die sie mit Cousteau hatte, war sie bereit, im Hintergrund zu bleiben und sich auf dem Altar der Konventionen zu opfern.

Sie hat nichts vergessen von den täglichen kleinen Erniedrigungen aus dieser Zeit, zwangsläufige Folgen eines halb offiziellen Lebens an seiner Seite. Lange hat Francine immer die zweite Rolle gespielt. Sie musste warten, bis die erste Frau von JYC stirbt, um endlich den Mann ihres Lebens zu heiraten.

Jetzt kann sie endlich im Rampenlicht stehen. Jetzt kann sie es allen heimzahlen.

KAPITEL I

Trübe Tage in La Rochelle

Zwei nicht mehr ganz junge Männer auf Pilgerreise.

Zwei Männer, die düster vor sich hinblicken, dick eingemummelt an diesem nebligen Morgen. Die Kälte treibt ihnen Tränen in die Augen, oder ist es Rührung? Die beiden Freunde gehen am Hafenbecken entlang, dort, wo die Fischkutter liegen, hier im Hafen von La Rochelle. Der Kai ist feucht und rutschig. Sie sprechen im Flüsterton, als sie sich dem abgetakelten Schiff nähern. Früher war es ihr Zuhause. Einmal im Jahr statten die zwei Männer aus Marseille dem Schiffswrack einen Besuch ab, so wie man bei einer alten, kranken Tante vorbeischaut.

Albert Falco, der erste, war den größten Teil seines Lebens die rechte Hand von Cousteau.

Denis Martin-Laval, der zweite, war Schiffsarzt auf der Calypso.

Mit Zähnen und Klauen verteidigen sie das, was in ihren Augen das moralische Vermächtnis des Kommandanten und seiner ersten Frau, *La Bergère,* darstellt. Wie immer werfen sie zunächst einen Blick auf das Achterdeck, über das der Wind hinwegfegen kann und das den Angriffen des Wetters schutzlos ausgeliefert ist. Ihr Blick verweilt erst auf der klemmenden Winde und wandert dann zu dem Block, an dem die Tauchflaschen mit Sauerstoff gefüllt wurden. Eine Müllhalde: Kaputte Befestigungstrosse liegen herum, der größte Teil der Reling wurde abmontiert oder abgerissen Die Brücke ist mit morschen Holzstücken, Scherben und verstreuten Materialien bedeckt. Langsam nähern sie sich, untersuchen den rostigen Schiffsrumpf. Bébert sagt: »Zu sehen, wie dieses Schiff Rosttränen weint, macht mich krank.« Die beiden Männer gehen an Bord, steigen zur oberen Brücke hinauf, auf der sämtliche Latten lose sind. Überall ist die Farbe rissig und blättert ab. Fetzen einer Markise liegen auf der Brücke herum, daneben Plastiktüten und Abfall. Bébert und Denis sind nicht besonders erstaunt. Sie haben die jüngste Verlautbarung eines Gerichtsvollziehers aus La Rochelle aufmerksam gelesen. Jaques Legrain schreibt:

> »Das Schiff vermittelt im Ganzen den Eindruck völliger Verwahrlosung«

Welches Schiff? Die *Calypso*!

Das nach der *Titanic* weltweit bekannteste Schiff verkommt im hintersten Hafenbecken von La Rochelle und jeder fragt sich, wie dieses Wrack einst Millionen Menschen rund um den Erdball in Verzückung versetzen konnte. Fünfundvierzig Jahre lang hat das symbolträchtige Schiff von Kommandant Cousteau zu unser aller Freude und zum Vergnügen der Mannschaft die Weltmeere durchkreuzt: Da waren Claude Wesly, Jean-Marie France, Raymond Coll, Bernard Delemotte, Jacques Renoir, Octave Léandri, François Dorado, um nur einige zu nennen. Alle diese Männer waren an einem der größten Abenteuer des 20. Jahrhunderts beteiligt: den Anfängen der ozeanografischen Forschung. Im ›Kielwasser‹ des jungen Marineoffiziers, der ihr Leben verändern sollte, gingen diese Pioniere ohne viel Aufhebens an Bord. Jacques-Yves Cousteau hatte zwar eine glänzende Zukunft in der französischen Marine vor sich, aber er sollte sich von seiner genialen Intuition leiten lassen und eine am

Reißbrett entworfene Karriere über den Haufen werfen. »Ich hätte auch den Posten des Kommandanten auf einem Flugzeugträger mit zweitausend Mann Besatzung anpeilen können«, erklärt Cousteau und fügt hinzu: »Mein Vergnügen sollte sich aber darauf beschränken, eine bunt gemischte Mannschaft aus etwa dreißig Seeleuten, Mechanikern, Filmemachern und Wissenschaftlern zu befehligen. Unheilbar am Reisefieber Erkrankte, von Natur aus verrückt, die unbedingt ans andere Ende der Welt wollten!«[2]

Mit von der Partie ist Albert Falco. Ein junger Bursche mit athletischem Körperbau, ein Zackenbarschjäger, der mit seiner Hütte in Sormiou verwachsen ist, ein Junge aus dem Süden mit sonnengebräunter Haut, der an den ersten Wettkämpfen im Unterwasserfischen teilnimmt, die ab 1946 in der Umgebung von Marseille ausgetragen werden. Unter Wasser ist er das reinste Wunder. Er testet damals schon neue Ausrüstungen, die auf den Markt kommen sollen, und schneidert seinen ersten Taucheranzug aus dem Reifenschlauch eines Lkw. 1952 begegnet er Cousteau zum ersten Mal. Die beiden können gar nicht anders, sie müssen einfach große Stücke aufeinander halten. Falco ist fünfundzwanzig. Der Kommandant wirbt ihn für die Unterwasserausgrabungen an, die am Grand Conglué vor der Küste von Marseille durchgeführt werden. Die Unterwasserausrüstungen wurden inzwischen weiterentwickelt und Bébert taucht zu einem Schiffswrack aus dem 3. vorchristlichen Jahrhundert hinunter. Die Taucher der *Calypso* holen Vasen und Amphoren aus mehr als 40 Metern Tiefe nach oben.

> »Als ich diese Arbeit angenommen habe, wusste ich nicht, dass ich mich damit für ein Abenteurerleben entschied«,

erinnert sich Falco und kneift dabei vor Vergnügen die Augen zusammen. Die Unterwasserarchäologie ist geboren. Bébert ist einer ihrer

2 Yves Paccalet, *Jacques-Yves Cousteau dans l'océan de la vie*, Paris, Jean-Claude Lattès, 1997.

Urheber. In ihm findet Cousteau den treuesten seiner Mitarbeiter, seinen besten Komplizen. Sehr schnell schenkt er ihm bedingungsloses Vertrauen. »Ich brauchte einen begeisterten und robusten Mann neben mir, der meine Träume teilte und mir helfen konnte, sie zu verwirklichen. Der Mann meiner Wahl sollte empfänglich sein für die Liebkosungen von Wind und Wasser und in der Lage, Unwettern zu trotzen oder sie zu überlisten. [...] Alles in allem suchte ich damit wohl den Gott des Wassers. Es war dann Albert Falco«[3] schreibt Cousteau in seinem Vorwort zu einem von Falco geschriebenen Band mit Erinnerungen: Falco wird ihm dieses Zeugnis seiner Freundschaft hundertfach danken. Zunächst ist er bereit, ohne Bezahlung an Bord der *Calypso* zu arbeiten. Die Dreharbeiten zu *Die schweigende Welt* machen aus ihm einen Helden. Der Film gewinnt beim Festival von Cannes 1956 die Goldene Palme. Später werden Bébert und Claude Wesly die beiden ersten Ozeanauten der Menschheitsgeschichte. Das Abenteuer wird von Cousteau organisiert und auch gleich für die Medien in Szene gesetzt. Es trägt den Namen *Precontinent 1*. Eine Woche lang leben Falco und Wesly in einer kleinen Felsenbucht des Frioul-Archipels in zehn Metern Tiefe. In einer Art Tonne, die ihr Unterwasser-Zuhause wird, sammeln sie eine Unmenge Erfahrungen. Ihr wahres Domizil aber ist die *Calypso*. Auch ein halbes Jahrhundert später sind die Erinnerungen noch ganz frisch. »Am Anfang habe ich hier geschlafen, in einem abgetrennten Bereich im Taucherraum.« Ein breites Lächeln lässt sein Gesicht leuchten. Mit großen Schritten geht er den Laufgang backbord hinunter. »Sieh mal hier, die Tür ist zugemauert worden. Sie führte in die Wohnung des Kommandanten und seiner Frau. Die Kabinen der Besatzung lagen auf der anderen Seite. Wir nannten sie unsere Sozialwohnungen!« Denis Martin-Laval bleibt ihm dicht auf den Fersen. Der Chirurg aus Marseille, Facharzt für Urologie, hat an etwa fünfzehn Expeditionen auf der *Calypso* teilgenommen. Beim ersten Mal wird er in einem Auswahlverfahren während der Dreharbeiten zu *Die schweigende Welt* als Arzt angeworben. Er ist noch nie in seinem Leben auf einem Schiff un-

3 Yves Paccalet, op. cit.

terwegs gewesen. Dafür hat er aber sämtliche Werke von Jules Verne gelesen. Das reicht doch, oder etwa nicht? Und er ist nicht nur ein hervorragender Arzt, er kann auch Tierlaute perfekt nachahmen, vorzugsweise das Iaah eines Esels und den Schrei der Möwe.

An Bord der *Calypso* entsteht eine Freundschaft zwischen Denis und Simone Cousteau, der Ehefrau von JYC, die hier alle nur *La Bergère*[4], nennen und deren Vertrauter und Leibarzt er wird. Und schon bald ist er das Maskottchen einer Mannschaft von Ausreißern, er, der vor jeder Expedition abschätzen muss, wie viele Präservative auf einer mehrwöchigen Mission mit einer Reihe von Zwischenstopps gebraucht werden.

Falco akzeptiert ihn rundum und Cousteau hat volles Vertrauen zu ihm. Denis ist zuständig für die körperliche Gesundheit der Männer und die kleinen Unpässlichkeiten ihrer Seelen und Gemüter. Gonorrhöe behandelt er ebenso wie Anfälle von Schwermut. Seine Ungeschicklichkeit ist legendär. Auf dem Schiff bewegt er sich wie ein Elefant im Porzellanladen und jeder achtet auf ihn, als ginge es um kochende Milch auf dem Herd. Allen aber ist klar, wie genau seine Diagnosen sind, wie großartig es ist, mit ihm befreundet zu sein und wie unverzichtbar seine Anwesenheit ist. Er kann sich noch sehr genau erinnern. »Während der Dreharbeiten zu *Die schweigende Welt*«, erzählt er »habe ich zusammen mit Louis Malle Nachtwache gehalten. Wir sprachen voller Leidenschaft über den Film, der gerade entstand, und haben doch nicht eine Sekunde geahnt, dass es ein Welterfolg werden könnte.«

Denis Martin-Laval ist nicht nur der Expeditionsarzt. Bei der kleinsten Gelegenheit wird auch sein Basteltalent in Anspruch genommen. Der Fotograf Luis Marden, der für *National Geographic* von den Dreharbeiten berichtet, kann eines Tages nicht mehr fotografieren. Er ist völlig hilflos, denn das Blitzlicht unter Wasser funktioniert nicht. Die Lampen sind nicht wasserdicht. Eine ernste

4 Simone Melchior, die erste Ehefrau von Kommandant Cousteau. Von ihrem Leben ist in Kapitel 3 die Rede.

Angelegenheit. Cousteau lässt Martin-Laval zu sich in die Kabine rufen: »Doktor, Sie sind unsere letzte Rettung! Marden hat viertausend Blitzlichter mitgebracht, die nicht wasserdicht sind. Finden Sie eine Lösung!« »Und ich habe sie gefunden«, erinnert sich Denis. »Man brauchte nur die Fassungen anzubohren und mit einer Spritze heißes Wachs zu injizieren. Dadurch konnten die Verbindungen isoliert werden.« Was Denis Martin-Laval nicht wusste war, dass die Arbeit eine gewisse Zeit in Anspruch nehmen würde. »Drei Tage hintereinander habe ich den Boden von viertausend Ampullen durchbohrt, aber Luis Mardens wundervolle Unterwasserfotos, die er während der Dreharbeiten gemacht hat, waren gerettet.« An Bord ist nichts unmöglich.

Die Mannschaft der *Calypso* würde ihre Seele verkaufen, um den Ansprüchen von Kommandant Cousteau zu genügen. Jeder gibt sein Bestes.

»Er konnte uns um alles Erdenkliche bitten, wir haben es wahrgemacht!« JYC schlägt den Bau eines Haischutzkäfigs vor. Erfindungsgabe und drei Tage Schweißarbeiten auf der Brücke reichen aus, um den berühmten Käfig zu montieren, dank dessen eine der beeindruckendsten Sequenzen in *Die schweigende Welt* gedreht werden kann. An Bord ist die Stimmung großartig. Die Mahlzeiten bieten Gelegenheit, die bunt zusammengewürfelte Mannschaft noch ein wenig mehr zusammenzuschweißen. Archivfilme aus dieser Zeit zeigen halb nackte Männer mit einem Lächeln auf den Lippen. Gemeinsam stoßen sie an, singen, spielen Gitarre und rauchen Pfeife. Sie sind glücklich, dabei zu sein, sie spüren intuitiv, dass die *Calypso* der Schmelztiegel ist, in dem sich Energien bündeln. Starke Persönlichkeiten stellen im Dienst an einem gemeinsamen Projekts ihr Ego zurück. Jedem ist bewusst, dass er seine Rolle in einer wunderbaren Story spielt, die verwirklicht werden kann, weil es um mehr geht, als nur die Summe ihrer individuellen Talente. Durch Anpassungsfähigkeit und Neugier entsteht das besondere Wesen dieser außergewöhnlichen Mannschaft. Und doch hat sich der harte Kern der *Calypso* ganz ungeplant zusammengefunden.

André Laban wird angeworben, als er nach seinem Abschluss die Fakultät für Chemie der Universität von Marseille verlässt. Er ist vierundzwanzig und Cousteau, der einen Ingenieur sucht, nimmt ihn auf.

»Was können Sie?«, fragt ihn der Kommandant.
»Nichts«, antwortet Laban, »ich bastle eben so«

Sie einigen sich auf eine Probezeit von acht Tagen, Ihre Zusammenarbeit dauert schließlich mehr als zwanzig Jahre! Der erste Test besteht darin, dass Cousteau André Laban auffordert, einige Fotos vom Schiffswrack am Grand Congloué zu machen. Laban ist noch nie in seinem Leben mit einer Flasche getaucht. Er geht auf vierzig Meter hinunter, verirrt sich, findet nicht eine einzige Amphore und steigt bitter enttäuscht wieder auf. Cousteau nimmt ihn am Strand in Empfang und schickt ihn wieder zurück ins Wasser! Er entdeckt die Freuden und die Gefahren des Tauchens mit der »Taucherlunge«. »Diese Zeit war wirklich aufregend«, erinnert er sich. »Wir mussten alles neu erfinden. Ob es um Kameras ging, um Unterwasser-Scooter, um Beleuchtung oder um Tauchkugeln. Wir hatten eine Idee – und die haben wir umgesetzt!« Auf Wunsch von Cousteau wird André Laban die ersten wasserdichten Kästen für 16-Millimeter-Kameras entwikkeln. Ein charmanter Mann mit rasiertem Kopf und mitreißendem Humor, der sich inzwischen zurückgezogen hat und in der Nähe von Toulouse lebt, wo er sich seinen zwei Leidenschaften widmet: dem Cellospielen und der Unterwasser-Ölmalerei.

Mit einer Taschenlampe in der Hand betritt Bébert die Offiziersmesse, in der die Mannschaft sich zu den Mahlzeiten zusammenfand. Es ist hart für ihn, aber er steckt den Schlag weg: Hier hat nichts dem Verfall durch die Witterung und dem Vandalismus trotzen können. »Dies ist der Platz von Madame Cousteau«, erklärt er. »Die Mannschaft saß auf der Bank aus Kunstleder. Ich weiß nicht, ob sie noch da ist Nein, wie schade!« Falco setzt seinen Weg fort und kommt in die Küche, wo jedes Möbelstück mit einer 2 cm dicken Schmutzschicht überzogen ist. »Wenn ich daran denke, wie viele hervorragende Mahlzeiten hier zubereitet wurden«, sagt er mit leiser Stimme. Und sicherlich erinnert er sich an Pitchoun, den Hilfskoch, bei dessen Anblick eines Tages Gaston Deferre, der Bürgermeister von Marseille in schallendes Gelächter ausbricht, als er ihn bedient, in weißer Weste und Fliege, aber barfuß. Bébert geht einen Korridor hinunter, in dem die elektrischen Kabel wie vergessene Girlanden von der Decke baumeln, dann biegt er nach rechts ab und öffnet einen Spaltbreit eine Tür, die in eine winzige Abstellkammer führt. »Meine Kabine! Na ja, zumindest die Kabine, die ich dreißig Jahre lang mit Jean-Marie France, dem Chefmechaniker geteilt habe.« Sechs Quadratmeter! Zwei übereinanderliegende Schlafkojen und direkt daneben eine Holzplatte, die als Schreibtisch diente. Anders als die Bilder in den Filmen von Cousteau glauben machen, ist die *Calypso* mit einer Gesamtlänge von vierzig Metern ein kleines Schiff.

Der Komfort an Bord ist spartanisch, die Privatsphäre begrenzt. Die sanitären Anlagen beschränken sich auf zwei Duschen für eine Mannschaft von dreißig Männern. Bei einigen Expeditionen reicht der Trinkwasservorrat nicht bis zum Ende.

Aber was macht das schon! Bei der täglichen Toilette schränkt man sich ein; nie aber bei dem hervorragenden Grand Cru aus Bordeaux. Die Küche an Bord ist exzellent, auch wenn *La Bergère* sich meistens mit einem Croque-Monsieur und Rahmkäse begnügt. »Das ist die Kabine des Kommandanten und seiner Frau.« Béberts Taschenlampe wirft Licht auf einen verwüsteten Raum, aus dem man sämtliche Möbel herausgeholt hat. Nur eine schmutzige Matratze liegt noch auf dem Boden. »Man sieht die Spuren vom Schrank noch, der direkt neben ihrem Bett stand. Aber, na ja, auch hier ist alles weggekommen«, ist sein abschließender Kommentar.

Denis Martin-Laval stößt die Tür zu einer Rumpelkammer auf. Seine Augen beginnen zu leuchten. »Ein Taucher hatte den Tripper und wollte das vor den anderen verheimlichen«, erzählt er. »Ich war an die ärztliche Schweigepflicht gebunden und schlug ihm vor, ihm seine tägliche Spritze in diesem Raum zu geben, wo das Drehteam seine Filmspulen aufbewahrte.« Denis Martin-Laval ahnte nicht, dass er um ein Haar eine Katastrophe verursachen würde. »Eines Abends«, erinnert er sich, »setze ich dem Taucher gerade die Spritze, als ein Kameramann versucht, die Tür zu öffnen. Ich beeile mich beim Abwaschen der Spritze unter dem Hahn eines Süßwasserfasses. Aber in der Eile vergesse ich, ihn wieder zuzudrehen. Wir verlassen den Raum durch die Tür auf der gegenüberliegenden Seite. Stundenlang läuft das Wasser weiter. Nach einer ganzen Weile betritt Pierre Goupil[5] den Raum, in dem das Wasser inzwischen zwanzig Zentimeter hoch steht; darauf treiben die Filmrollen von *Die schweigende Welt*. Panik bricht aus! Die Filmdosen werden geöffnet, um festzustellen, ob das Filmmaterial feucht geworden ist. Zum Glück war nicht die kleinste Spur von Feuchtigkeit zu erkennen. Sonst wäre ich für den Schiffbruch von *Die schweigende Welt* verantwortlich gewesen.«

Bébert setzt seinen Weg fort. Nichts entgeht seinem wachsamen Blick. Dieser Mann ist das Gedächtnis des Abenteuers »Cousteau«. Die *Calypso*, das ist sein Ding, sie hat sein Leben geprägt. Jeder Bestandteil des Schiffes weckt eine wahre Flut von Erinnerungen wie bei einer nie versiegenden Quelle. Die Steuerkanzel ist leer? Er beschreibt das Steuerrad, den *chadburn*[6], die Stelle, an der das Radio eingebaut war und wo der Kartentisch stand. Die alten Vitrinen in der Offiziersmesse sind leer? Bis ins kleinste Detail kann er den Bestand der Bordbibliothek rekonstruieren und weiß noch genau, welche Gegenstände sie sonst noch enthielt. Sein »calyptisches« Wissen erinnert an eine Enzyklopädie.

Wie wurde die rote Mütze zum Markenzeichen von Kommandant Cousteau?

---

5 Kameraassistent bei Die schweigende Welt

6 Dieses Gerät ermöglicht die Übertragung der Befehle von der Brücke, wo der Kommandant steht, zum Maschinenraum, wo der Chefmechaniker die Motorkraft entsprechend den Anweisungen reguliert.

Falco erinnert sich, dass ein Taucher eines Tages in die Messe kam und sich mit dieser scharlachroten Kopfbedeckung herausgeputzt hatte, die früher einmal das Zeichen der Sträflinge von Toulon gewesen war. Er erklärt auch, dass die Taucher dieses Accessoire dazu benutzten, ihren Kopf im Helm zu schützen. Auch hier bewies Cousteau eine bemerkenswerte Intuition, er machte die rote Mütze in den Medien zu seinem Erkennungszeichen. Für Albert Falco und Denis Martin-Laval ist die *Calypso* weit mehr als nur ein Schiff. Sie hat eine Seele, und sie ist ein wesentlicher Bestandteil ihres Männerlebens.

> »Wir haben sie ›Mutter *Calypso*‹ genannt«, sagt mir Bébert mit Tränen in den Augen. »Ob im tiefsten Amazonasgebiet oder mitten auf dem Roten Meer, sie war unser Zuhause. Sie wärmte uns, sie pflegte uns und sie umfing uns mit ihrem Trost. Es war nicht irgendein Schiff, für uns war sie wie der Bauch einer Mutter.«

Denis Martin-Laval pflichtet ihm bei. Eine Frage beschäftigt ihn: Wie kann es sein, dass er der einzige Arzt bei den Cousteau-Expeditionen war, der wieder verpflichtet wurde? Keiner seiner Kollegen hat sich nach einer Expedition mit Cousteau wieder eingeschifft. »Ich war wie für dieses Schiff gemacht«, sagt er mit leiser Stimme. »Egal, wo wir hinkamen, die *Calypso* hat uns auf der ganzen Welt Tür und Tor geöffnet. Bei einem Halt in den Vereinigten Staaten habe ich gesehen, wie Leute den Schiffsrumpf geküsst haben!« Auf einer ihrer unzähligen Expeditionen geht die *Calypso* vor den Seychellen vor Anker. Die Seeleute glauben, dass sie ein Schlemmermahl erwartet, als sie bei einem einheimischen Fischer Venusmuscheln kaufen. In der Kombüse bereitet der Koch die Muscheln zu, ohne zu ahnen, dass sich die Mannschaft daran vergiften wird. »Gegen vier Uhr am Morgen«, erinnert sich Martin-Laval, »habe ich Schreie gehört. Alle, die Venusmuscheln gegessen hatten, rollten sich vor Schmerzen auf dem Boden und übergaben sich. Sie hatten schwere Vergiftungserscheinungen. Cousteau wollte sie ins Krankenhaus einliefern lassen, aber ich habe entschieden, sie hier an Bord zu behalten und sie mit Möhrenbouillon und Antibiotika gesund zu pflegen. Und ich habe sie gerettet!« Seit diesem Ereignis genießt Denis Martin-Laval Cousteaus uneingeschränktes Vertrauen. Aber nicht nur Menschen pflegt Denis, manchmal taugt er auch als Tierarzt. »Ich habe Jojo, den Zackenbarsch abgehorcht«, erinnert er sich. »Er hatte die Tüte verschluckt, in der man ihm sein Futterfleisch brachte. Ich hatte Angst, ihm meine Hand ins Maul zu stecken, um die Tüte aus seinem Magen zu fischen. Ich verbrachte eine schlimme Nacht und hoffte, er würde sich auf natürlichem Wege davon befreien.« So ist das Leben an Bord der *Calypso*. *La Bergère* herrscht über einen Mikrokosmos, ihre kleine Männerwelt. Sie findet immer die richtigen Worte des Trostes, kann aber mit ihrer spitzen Zunge genauso verletzend sein. Es ist zwecklos, sich ihr zu widersetzen, sie hat immer das letzte Wort. Simone Cousteau ist die zurückhaltende Muse ihres Schiffes, die beste Freundin der *Calypso*, ihre Komplizin. Ganz zu Anfang hat sie manches Mal ihren Schmuck verpfändet, um ihrem Mann über finanzielle Engpässe hinwegzuhelfen. Ohne sie hätte niemals dieser Zauber das Abenteuer *Calypso* umgeben. Die Mannschaft bewunderte diese charakterstarke Frau, deren Intelligenz und Einfühlungsvermögen ihnen Respekt abverlangte. »An Bord«, erinnert sich Denis Martin-Laval, »haben wir Simone Cousteau gesiezt. Auch wir Männer haben uns größtenteils gesiezt. Erst als wir uns einige Monate kannten, habe ich angefangen, Albert Falco zu duzen. Er hat mich meinen ersten Tauchgang machen lassen. Während ich die Ausrüstung anlegte, drehte er mir den Rücken zu. Ich konnte aber sehen, wie er mich im Spiegelbild eines Bullauges beobachtete. Bébert war so feinfühlig, mich nicht in Verlegenheit zu bringen, gleichzeitig aber war er auf meine Sicherheit bedacht.«

Seitdem sind die beiden unzertrennlich. Es vergeht kein Tag, ohne dass sie sich sehen oder telefonieren, um über die *Calypso* zu sprechen. Von Zeit zu Zeit müssen ihre Ehefrauen, Nicole und Maryvonne, sie wieder in die Wirklichkeit zurückholen. In La Rochelle führt Albert Falco mich ins Innerste seines Schiffes. Seine Taschenlampe ist unverzichtbar um die Tiefen der *Calypso* auszuleuchten. Hier herein fiel seit Jahren kein Lichtstrahl mehr. Der Schimmelgeruch ist allgegenwärtig, im Laderaum stehen Salzwasserpfützen. Bébert hat ein Messer aus der Tasche gezogen. Er geht zum Schiffrumpf und sticht mehrmals mit der Spitze der Klinge ins Holz. »Der Rumpf ist gesund« – das will er damit zeigen.

> »Wir haben 1984 auf einer Schiffswerft in
> San Augustin die Beplankungen verstärken lassen.
> Das ist solide Arbeit! Das Schiff kann ohne
> größere Schwierigkeiten restauriert werden.
> Man muss es nur wollen!«

Bébert glaubt daran und seine Überzeugung nötigt mir Respekt ab. Aber glauben denn diejenigen, in deren Händen die Zukunft der *Calypso* liegt, auch daran?

Das ist alles andere als sicher.

KAPITEL 2

Der Tod des Kommandanten

Sie ist die Verkörperung der Trauer: Im schwarzen Kostüm, ungeschminkt, die Augen vom Weinen geschwollen, die Haare im Nakken zusammengehalten, betritt sie mit größtmöglicher Würde den Raum. Alle machen Platz, um sie vorbeizulassen und vermeiden dabei, ihr in die Augen zu sehen. Eine ihrer Mitarbeiterinnen tritt an sie heran und flüstert ihr etwas ins Ohr. Sie wird unwillig mit der Hand weggestoßen.

Die Trauer einer Witwe verlangt Respekt.

Die Anwesenden scheinen diese Ansicht zu teilen. Auch wenn man in diesem Metier mit der Zeit gleichgültiger wird und sie gekommen sind, um ihren Job zu machen. Die Pressekonferenz, an der sie teilnehmen, verspricht zudem interessante und heiße Informationen. So drängen sich Dutzende von Journalisten in einem der Räume des luxuriösen Gebäudes, in dem die Équipe Cousteau in der Rue de l'Amiral d'Estaing im XVI. Arrondissement in Paris residiert.

Wir schreiben den 25. Juni 1997 und Kommandant Cousteau ist kurz zuvor nach schwerer Krankheit und einem mehrmonatigen Krankenhausaufenthalt im Alter von vierundachtzig Jahren gestorben. Francine Cousteau nimmt hinter einem langen Tisch Platz, auf dem ein Strauß von Mikrofonen arrangiert wurde. Es ist ein weihevoller Augenblick und die Spannung ist fast mit Händen zu greifen. Kameras zeichnen ihre Erklärung auf, die sie sich handschriftlich auf zwei Seiten notiert hat: »Kommandant Cousteau ist in die schweigende Welt eingetreten, aber seine Stimme wird sich weiterhin Gehör verschaffen«, verkündet sie zu Beginn ihrer Rede. Hinter ihr stehen sehr bewegt die wichtigsten Mitarbeiter der Équipe Cousteau, als letztes Bollwerk gegen das Unwetter, das sich zusammenbraut. Kurz vorher hatte man sie gebeten, sich im Kreis um Francine herum aufzustellen, um den Eindruck einer im Unglück vereinten Mannschaft zu vermitteln. »Viele Jahre lang haben wir gemeinsam die Zukunft seines Lebenswerkes vor Augen gehabt«, fährt sie fort. »Er hat mich gebeten, die Maßnahmen zu ergreifen, die zur Durchsetzung seiner Ideen notwendig sein werden.« Auch Henri Jacquier, der Finanzdirektor der Gesellschaft, den Francine Cousteau vor mehreren Monaten ins Abseits gedrängt hat, ist da, in Anzug und Krawatte, mit kahler Stirn und dem Gesicht eines ENA[7]-Absolventen. Er war die graue Eminenz des Kommandanten, der Mann seines Vertrauens. Er weiß, dass von heute an seine Tage gezählt sind.

Francine führt weiter aus: »Heute, an diesem Tag, der für mich, seine Kinder und seine Nächsten so schrecklich ist, erkläre ich, dass ich mich mit Leib und Seele für die Fortsetzung seiner Projekte einsetzen werde, und ich möchte meine unbedingte Entschlossenheit zum Ausdruck bringen, den Kampf, den er geführt hat, fortzusetzen.«

Zwischen zwei in Tränen aufgelösten Frauen kann man François Sarrano entdecken, einen Meeresbiologen mit dichtem Haar und

---

7 École nationale d'administration: frz. Eliteuniversität zur Ausbildung hoher Verwaltungsbeamter. [Anm. d. Übers.]

dem Aussehen eines Haudegens, einer der Pfeiler der letzten Expeditionen der Équipe Cousteau. »Ich war am Boden zerstört«, erinnert er sich. »Ich mochte Cousteau gut leiden, ich kann sogar sagen, dass ich ihn bewundert habe, auch wenn ich mich mit den verschiedenen Facetten seiner Persönlichkeit gründlich auseinandergesetzt habe.« Ihm ist klar, dass er in einigen Monaten gezwungen sein wird, seinen Rücktritt bekannt zu geben. Francine hält inne. Sie schaut mit einem leeren Blick ihrer blauen Augen in die Kamera. Sie scheint um Fassung zu ringen und seufzt.

Direkt hinter ihr, von der Zuhörerschaft aus gesehen leicht links, steht Alain-Marie Traonouïl, dessen dunkler Blick ins Unbestimmte schweift. Sein fein geschnittenes Gesicht wirkt wie zu Marmor erstarrt. Der ehemalige Kapitän der *Calypso* kümmert sich jetzt um die logistische Abwicklung der Cousteau-Expeditionen. Der neue Stil, der die Arbeit der Équipe Cousteau prägt, entspricht nicht mehr seinen Vorstellungen. Er lehnt es ab, in einer neuen Crew Dienst zu tun, die in seinen Augen die Ideale des Kommandanten und seiner ersten Frau, Simone Melchior, verrät. Auch er wird sich bald stilvoll zurückziehen. Francine nimmt den Faden wieder auf:

»Wir wollen die *Calypso II* ins Leben rufen, die für die kommenden fünfzig Jahre ein Beobachtungsposten für den Schutz der Umwelt auf unserem Planeten sein soll.«

Auch acht Jahre später wird die *Calypso II* über das Stadium des Modells noch nicht hinausgekommen sein. Dennoch bittet die Équipe Cousteau ihre Mitglieder, Freunde und Förderer weiterhin um Spenden für den Bau des Schiffes.

»Wir wollen mit Unterstützung der größten internationalen Organisationen das Fernsehprojekt *Die menschliche Stimme* aufbauen, dessen Ziel es sein soll, die Kultur der Völker wieder höher zu schätzen, deren Identität am meisten bedroht ist«, fährt sie fort. Der besagte Sender ist nie gegründet worden und konnte daher auch nicht ein einziges Bild der vom Aussterben bedrohten Völker ausstrahlen. Das Projekt zählt übrigens nicht einmal mehr zu den mittel- oder langfristigen Zielen der Équipe Cousteau.

»Ich werde dafür kämpfen, dass endlich eine Vereinbarung über die ›Rechte zukünftiger Generationen‹ unterzeichnet wird«, schließt sie. Diese großartige Idee wurde vom Kommandanten am Ende seines Lebens angeregt. Sie geht von dem Prinzip aus, dass unsere Generation für den Zustand des Planeten, wie wir ihn zukünftigen Generationen hinterlassen, verantwortlich ist. Der Generalsekretär der UNO, Kofi Annan, hat ihr ein höfliches Interesse entgegengebracht und Francine Cousteau im Oktober 2001 empfangen. Die Charta ist aber nie auch nur im Ansatz verwirklicht worden und kein Land hat sie in seine Verfassung aufgenommen. Die Witwe des Kommandanten schließt ihren Beitrag mit einem Zitat aus einem Gedicht von Paul Éluard, eines der Lieblingsgedichte ihres Mannes, das folgendermaßen endet: »Ich brauche die Fische, dass sie mir die Krone tragen, die meine Stirn umkränzt. «

So hat sie sich vor den Medien und
dem Rest der Welt zur Königin gekürt.

Noch am Abend des Todestages ihres Mannes ist Francine Cousteau zu Gast in der Nachrichtensendung auf France 2, wo sie die Kernaussagen ihrer Pressekonferenz wiederholt. Sie fügt eine offensichtlich vorab formulierte Erklärung hinzu, die sie dem Moderator mit allem Nachdruck ans Herz legt: »Ich möchte damit sagen, eine Hommage bedeutet nicht, dass der Film mit einer Augenblickaufnahme stehen bleibt. Das Lebenswerk des Kommandanten geht weiter.« Schon mit ihren ersten Erklärungen zeigt Francine Cousteau ihren eigenen Stil: wirkungsvolle Ankündigungen und die Kommunikationsstrategie: Ich rede, also bin ich. Vor allem legt sie eine unglaubliche Entschlossenheit an den Tag, mit der sie sich eine Legitimität verschaffen will, die Jean-Michel Cousteau, der Sohn aus der ersten Ehe des Kommandanten, ihr abspricht. Während sie sich auf France 2 zu Wort meldet, ist ihr Stiefsohn beim Konkurrenzsender zu Gast.

Auf TF1 fordert auch Jean-Michel für sich den Status des Erben des väterlichen Lebenswerkes. Ist nicht schließlich er der Urheber der meisten Filme, die an Bord der *Calypso* gedreht wurden? Hat nicht er auf einen einfachen Telefonanruf hin seine vielversprechende Karriere als Architekt aufgegeben, um seinem Vater beizustehen?

»Wenn du nicht kommst und mir hilfst, werfe ich alles hin!«, hatte ihn der Kommandant gewarnt. Wir schreiben den 28. Juni 1979. Jean-Michel lebt damals an der Westküste der Vereinigten Staaten, in Kalifornien[8]. Er nimmt das erste Flugzeug nach Hause und trifft seine Eltern in einem Schockzustand an. Sein Bruder Philippe, der jüngere der beiden Söhne von Jacques und Simone Cousteau, der Playboy und Haudegen, der liebenswerte Bursche und unglaublich einnehmende Draufgänger, ist bei einem Unfall ums Leben gekommen. Für die Familie ist dieses Unglück nicht nur eine emotionale Tragödie. Es besiegelt einen Bruch: Denn Cousteau hatte niemals verschwiegen, dass er sich Philippe als seinen Nachfolger wünschte. Die Ereignisse setzen diesem Plan ein Ende.

Alle, die ihn kannten, mochten Philippe. Er war einfach ein unglaublich wagemutiger Alleskönner: Er war ein ausgezeichneter Taucher, Flugzeug- und Ballonpilot und Unterwasserkameramann. Viel Zeit hatte er damit verbracht hat, die Expeditionen seines Vaters zu vertonen. Aber der Testflug, den Philippe in Portugal mit seinem Wasserflugzeug unternimmt, endet mit einer Bruchlandung auf dem Tejo. Seine Crew hat überlebt. Er nicht. Nach einer aufwendigen Suchaktion wird sein Leichnam drei Tage später gefunden, mehrere Kilometer vom Unfallort entfernt. Sein Körper wurde beim Aufprall übel zugerichtet, der Propeller hat ihn regelrecht zerrissen. Für einen kurzen Moment spielt sein Vater mit dem Gedanken, alles aufzugeben.

Cousteau verabscheut den Tod zutiefst. Seine Nächsten berichten, dass er innerhalb weniger Stunden um Jahre alterte, dass sich sein Rücken beugte, dass seine hohe Silhouette unter dem Schmerz förmlich zusammensackte. Einen Augenblick lang erwägt er sogar alles aufzugeben, aber schließlich lässt er sich von diesem Schick-

8 Jean-Michel Cousteau ist in dieser Zeit Architekt und gründet die Living Design Corporation, eine Gesellschaft in Los Angeles.

salsschlag nicht unterkriegen: »Ich werde weiterarbeiten, so hart wie möglich. Das ist meine Strafe, nur so kann ich gegen diesen Horror ankämpfen.« Cousteau weigert sich, seinen Sohn im Leichenschauhaus zu identifizieren. Jean-Michel wird das für ihn tun und gleichzeitig auf diesen Vater schimpfen, der vor seiner Verantwortung davonläuft. Für lange Zeit wird ihn das Bild seines toten Bruders in entsetzlichen Alpträumen heimsuchen. Philippes Sarg wird an Bord eines Schiffes der portugiesischen Marine gebracht. Er soll auf hoher See bestattet werden. Ein seltener Augenblick tiefer Gefühle: der Kommandant, *La Bergère*, Jean-Michel, Janice, die amerikanische Frau von Philippe – in diesem Augenblick schweißt sie der gemeinsame Schmerz zusammen.

Jean-Michel tritt die Nachfolge an; aus Treue, aber vor allem, weil dies seiner Lebensphilosophie und seiner Vorstellung von familiären Pflichten entspricht. Trotz seines Zögerns, trotz dieses oft so distanzierten Vaters, den er nie »Papa«, sondern immer »JYC« nennt. Er bewundert ihn, obwohl er sich hinsichtlich der Stärken und Schwächen seines Charakters nichts vormacht. »Ich kann nicht behaupten, ich hätte konventionelle Eltern gehabt«, schreibt Jean-Michel Cousteau in einem Buch[9], in dem er mit seinem Erzeuger abrechnet. »Er war überzeugt, im Besitz der Wahrheit zu sein. Hat er aus diesem Grund nichts getan, um seine Angelegenheiten geordnet zu hinterlassen, und nicht dieses Chaos?« fragt er sich. Und einige Seiten später fügt er in einer Art pathetischem Geständnis noch hinzu: »Gott hat keinen Nachfolger.« Aber damals herrschte Notstand in der Familie Cousteau. Jean-Michel ersetzt Philippe an Bord der *Calypso* und wird zur treibenden Kraft bei den Expeditionen in alle vier Himmelsrichtungen. Er lässt sich einen Bart wachsen, als könnte er so noch besser in die Rolle des Seewolfs schlüpfen. Er übernimmt die Verantwortung für die Dreharbeiten, bedient die Unterwasserkameras, entwickelt und testet neue Ausrüstungen, schreibt Dreh-

9 Mein Vater, der Kommandant; das Buch liegt noch nicht auf Deutsch vor, das Original ist 2004 bei L'Archipel in Paris erschienen.

bücher und stellt Arbeitspläne auf. Kurz gesagt, er wird zur Schnittstelle zwischen seinem Vater (der in Wirklichkeit nur sehr wenig Zeit auf der *Calypso* verbringt) und der Mannschaft aus ungefähr zwanzig Personen: Seeleute, Wissenschaftler und tauchende Filmemacher, deren Produkte sich in der ganzen Welt verkaufen und die dazu beitragen, den internationalen Ruf von Kommandant Cousteau zu begründen.

> Als sein Vater stirbt, fühlt sich Jean-Michel Cousteau berufen, sein Werk fortzuführen.

Seine Stiefmutter Francine sieht das aber anders: Nicht an einer einzigen Expedition der *Calypso* hat sie teilgenommen, aber das hindert sie nicht daran, das gesamte Vermächtnis ihres Mannes moralisch für sich zu beanspruchen. Eine Mitarbeiterin aus dieser Zeit, die inzwischen entlassen wurde, hat die schweren Stunden, als alles ins Wanken geriet, an vorderster Front miterlebt. »Seit einiger Zeit schon nahm Francine zunehmend Einfluss auf die Abläufe innerhalb der Gesellschaft. Beim Tod des Kommandanten begann schließlich von heute auf morgen eine neue Ära. Francine Cousteau hat nichts dem Zufall überlassen. Sie hat das Lebenswerk Cousteaus zu ihrer ganz persönlichen Angelegenheit erklärt. Sie ist blind drauflosgestürzt!«, erinnert sie sich.

Unmittelbar nach der Pressekonferenz beruft Francine telefonisch eine außerordentliche Hauptversammlung der Équipe Cousteau ein und lässt sich zur Präsidentin mit Generalvollmacht wählen. Der Auszug aus dem Sitzungsprotokoll besagt Folgendes: »Madame Jacques-Yves Cousteau verfügt über unbegrenzte Vollmachten, so wie es Artikel 16 der Statuten vorsieht.« Was auf dem Spiel steht, ist gewaltig: Jean-Michel den Wind aus den Segeln nehmen und die Fortführung des Lebenswerkes ihres Gatten unter ihre Kontrolle zu bringen. Jetzt will sie das Cousteau-Imperium regieren. Ohne Gegenstimme. Ohne auch nur einen Bruchteil der Verantwortung anderen zu überlassen, und schon gar nicht denen, die ihren Mann dabei unterstützt haben, die Legende vom Mann mit der roten Mütze zu erschaffen. Hat sie gute Ratgeber? Ist ihr bewusst, dass man im Alleingang nicht weit kommt? Wo Cousteau sich mit Mitstreitern zu umgeben wusste, schließt Francine jeden anderen aus und schafft Leere. Wo Cousteau Neuerungen einführte und zu delegieren verstand, weist sie zurück, konzentriert die Macht auf sich und ruft neue Gesichter an ihre Seite, die vorrangig wegen ihres Opportunismus und ihrer Kritiklosigkeit ausgewählt werden. »Die Situation ist ganz einfach«, fasst Jean-Michel Cousteau zusammen. »Auf der einen Seite stehen diejenigen, die Cousteau-Geschichte geschrieben haben. Die werden bis auf wenige Ausnahmen alle abgeschoben. Auf der anderen Seite stehen diejenigen, die die Verwaltung seines Lebenswerkes übernehmen. Und zum größten Teil haben diese Leute keinerlei Fachkenntniss, was die Meeresforschung und die Ökologie angeht.

Francine schafft Ordnung, ohne sich um Empfindlichkeiten zu kümmern.

Den alten Gefährten ist ihr Verhalten unbegreiflich. Hätte sie nicht wie eine Gralshüterin die Leitung der Gesellschaft übernehmen und sich dabei trotzdem auf die ältesten Mitarbeiter ihres Mannes stützen können? Warum diese Strategie, die jedem gesunden Menschenverstand widerspricht? »Sie duldet niemanden neben sich«, erklärt mir ein früherer Mitarbeiter, der in Ungnade gefallen ist. »Wir haben uns alle geirrt, als wir glaubten, Francine würde sich auf die frühere Crew stützen. Aber ihr Vorgehen war völlig unbegreiflich. Sie hat alle, die »Cousteau-Kultur« hatten, abgeschoben, als wollte sie die Vergangenheit ihres Mannes abschütteln.«

Jérôme Julienne, der Kameramann, wird diese Aussage bestätigen. Er hat von 1985 bis 1995 an den Expeditionen Cousteaus teilgenommen. Er hat unter Wasser und zu Lande gefilmt, von Haiti bis Kuba, von den Fidji-Inseln bis Australien, und diese Bilder haben sich tief in seine Seele eingebrannt. Jérôme nennt sich selbst ein Großmaul. In die Auseinandersetzung zwischen den sich bekämpfenden

Clans wollte er sich nie hineinziehen lassen. »Die Atmosphäre war widerlich. Man verlangte, dass wir uns zwischen dem Kommandanten und Jean-Michel entscheiden, also zwischen dem Vater und dem Sohn«, erinnert er sich. »So wie ich die Dinge sehe, kam das überhaupt nicht in Frage.« Eines Tages begibt sich Jérôme Julienne zur Villa Wagram[10]. Er entdeckt Jean-Michel am Eingang zu den Büros und geht auf ihn zu, um ihn zu begrüßen. »Du bist aber mutig!«, meint der Sohn des Kommandanten mit gesenkter Stimme, »Francine hat angekündigt, sie wird alle feuern, die mit mir reden«

Zu dieser Zeit beginnt die Stimmungsmache gegen die amerikanischen Mitarbeiter von Jean-Michel. Charles Vinick, Vizepräsident der Cousteau Society, verantwortlich für die Finanzen und das Fundraising, muss seinen Rücktritt einreichen. »Der Kommandant war unheilbar krank«, sagt Jérôme Julienne noch. »Er hat die tiefgreifenden Veränderungen, die in der Luft lagen, nicht verstanden. Damals wurden in den Büros die Parkas gegen Chanel-Kostüme eingetauscht. Mit Francine hat das Imperium Cousteau sein Herz verloren. Die Verbissenheit, mit der sie dieses wundervolle Werkzeug zerstört hat, kommt nicht von ungefähr. Ihre Vergangenheit mit Cousteau war schwierig und sie wollte sich von ihr befreien. Ich kann es ihr nicht übel nehmen. Als Frau hat es sie sehr verletzt, dass sie fünfzehn Jahre im Schatten von *La Bergère* stehen musste. Francine hat dem Kommandanten geholfen, den Tod von Philippe zu überwinden, und sie hat dem Vater ihrer zwei Kinder zuliebe so manchen Ärger heruntergeschluckt.«

Am 30. Juni 1997, fünf Tage nach dem Tod von Jacques-Yves Cousteau, tragen sechs Angehörige der französischen Marine in Uniform seinen Sarg, über den die französische Flagge gebreitet ist. Ein Staatsbegräbnis. Wie es sich für dieses Aufgebot gehört, schallen Trommelwirbel über das Pariser Straßenpflaster. Mehr als tausend Menschen,

---

10 In jener Zeit der Pariser Sitz der Stiftung Cousteau, seit 1992 Équipe Cousteau wird.

darunter viele Personen des öffentlichen Lebens, hören die Messe in der Kathedrale Notre Dame. Bedarf es noch mehr Beweise dafür, dass Cousteaus Werk zum Weltkulturerbe zählt und nicht nur Gegenstand eines privaten Familienkonflikts sein kann? Die Menschen beeilen sich. Der Sitz und der Gebetsstuhl des Präsidenten der Republik, Jacques Chirac, werden dem Protokoll entsprechend vor den übrigen Besuchern aufgestellt. Monsignore Lustiger hält die Predigt: Große Männer haben einen Anspruch auf berühmte Prediger, das ist eines ihrer Vorrechte – unter so vielen anderen.

In den Geschäftszimmern der Minister und im Präsidentenpalast feilen Fachreferenten an ihren Kommuniqués. »Trauer, tiefes Mitgefühl, »er repräsentierte das Abenteuer der Moderne«, »der Traum eines jeden von uns«, »Tod einer bedeutenden Persönlichkeit«, »er hat uns dabei geholfen, die Welt und die Umwelt, in der wir leben, besser zu verstehen.«

Vorgefertigte Phrasen sind unter diesen Umständen nichts Ungewöhnliches. Eine Würdigung jedoch, nämlich die seines Sohnes Jean-Michel, hebt sich von der Flut der Lobesreden ab und erregt Aufmerksamkeit:

»Das Lebenswerk meines Vaters ist eine Hymne an das Leben«,

erklärt er. »In meinem Büro habe ich ein Zitat von ihm an die Wand gesteckt: »Glück bedeutet für die Biene und den Delphin, lebendig zu sein; für den Menschen bedeutet es, genau das zu wissen und zu bewundern.« Jean-Michel ist an diesem Tag am Boden zerstört. Er versteckt seinen Schmerz hinter seinem grauen Bart und einer Sonnenbrille. Trotz aller Differenzen herrschte zwischen seinem Vater und ihm echtes Einverständnis, was zahlreiche Personen bezeugen, die bei ihren Abenteuern dabei waren. Bilder gehen ihm durch den Kopf. Sicherlich denkt er an den Tag, als JYC ihn als Kind ins Meer warf, um ihm so das Schwimmen beizubringen. Wahrscheinlich erlebt er noch einmal den gemeinsamen Augenblick der Vertrautheit, als eine Ohrenrobbe ihnen beiden abwechselnd die Nase ableckte. Wie könnte er das strahlende Lächeln auf ihren Gesichtern an diesem Tag vergessen? Als er sich auf einen der Plätze setzt, die für die Familie des Verstorbenen reserviert sind, überwältigen ihn die Erinnerungen.

Jean-Michel sitzt in der ersten Reihe, nur einige Zentimeter von Francine, seiner Stiefmutter, seiner Halbschwester Diane und seinem Halbbruder Pierre-Yves entfernt.

Heute trifft er sie zum ersten Mal. Hinter Tränen und Trauer werden auf beiden Seiten schon die Waffen poliert. Schwarz überall, bei der Kleidung, den Gefühlen, in den Blicken und den Herzen, vor allem aber in den Herzen. Die Familien Cousteau, die neue wie die alte, tragen vor den Augen der Welt ihre Einmaligkeit zur Schau. Niemand will mit ihnen tauschen, aber so ist es eben: In den Dynastien verbindet sich oft große Geschichte mit kleinen Gemeinheiten.

Zwischen zwei Chorälen ergreift Monsignore Lustiger das Wort. Er ist hervorragend, ganz so, wie man es von ihm gewohnt ist. Seine Anwesenheit und seine Persönlichkeit bieten Sicherheit. Er würdigt die Facetten einer außergewöhnlichen Persönlichkeit. Er versucht Worte zu finden, die den Schmerz lindern, bevor er die Trauergemeinde mit einem *Gehet hin in Frieden* entlässt. Ob er sich in diesem Augenblick vorstellen kann, wie schief der Haussegen schon hängt? Am Ausgang der Kathedrale heben sechs starke Männer den Sarg von Kommandant Cousteau auf ihre Schultern: Bertrand Sion, Cheftaucher, François Sarrano, die Stütze der letzten Expeditionen, Didier Noirot, ein Unterwasserkameramann, Grégoire Koulbanis, ein weiterer Taucher und schließlich Claude Wesly und Albert Falco, die beiden ersten Ozeanauten, die vor der Küste von Marseille eine Woche lang unter Wasser lebten. Sechs Taucher drücken die rote Mütze an ihr Herz. Alle wissen, dass eine Ära vorüber ist.

Aber niemand macht sich eine Vorstellung davon, wie endgültig sie vorbei ist.

Einige Tage später, am 3. Juli 1997, wärmt strahlender Sonnenschein den Boden in Aquitanien. Am Ende des Vormittags geht Jacques-Yves Cousteau auf seine letzte Reise. Der Seefahrer kehrt zu der Erde zurück, auf der er geboren wurde: Er wird in Saint-André-de-Cubzac, in der Nähe von Bordeaux, beerdigt. Dutzende von unbekannten Besuchern sind gekommen – einige von sehr weit her –, um ihm die letzte Ehre zu erweisen. Ein Berg von Blumen bedeckt sein Grab. Jean-Michel weint, gestützt auf die Schulter seines Sohnes Fabien. Der Weltenbürger wird nicht auf See bestattet wie sein Sohn Philippe. Seine Asche wird nicht vor der Küste Monacos verstreut wie die seiner ersten Frau Simone. Jérôme Julienne wundert sich: »Auch das ist nicht im Sinne von Cousteau. Er hat immer gesagt, er wolle einmal eingeäschert werden.« Jean-Michel Cousteau ist tief betrübt: » Es war ein Schock! Das entspricht nicht seinem Wesen. Wir, seine erste Familie, wussten, dass er nicht in der Erde bestattet werden wollte.«

Jean-Pierre, Cousteaus Neffe, ein Kardiologe, ist während des langen Todeskampfes an seiner Seite gewesen, bis zum Ende. Tief betroffen hält er eine Ansprache. Am Ende zitiert er aus dem Brief eines Patienten: «Wenn ich die Filme Ihres Onkels im Fernsehen sah, setzte ich mich mit meiner Taucherbrille und meinem Schnorchel auf den Boden. Da war ich dann auf der *Calypso*, zusammen mit Cousteau.« Von nun an hat »Captain Planet« Anspruch auf ewige Ruhe. Für seine Nachkommen, seine Erben und alle, die ihn mehrere Jahrzehnte lang begleitet haben, kündigen sich dagegen heftige Turbulenzen an. Einige Zeichen sprechen bereits für sich. Insbesondere als die beiden Familien und ihre Nächsten nach der Bestattung aufeinandertreffen und man sich für einen Augenblick gleichsam im engsten Familienkreise wiederfindet. Der hervorragende Bordeaux Grand Cru, der zu einem spektakulären Käsebuffet gereicht wird, kann die sehr angespannte Atmosphäre nicht auflockern. Francine Cousteau versteckt sich hinter ihrem schwarzen Schleier und lehnt es ab, mit Jean-Michel auch nur einen Blick zu wechseln. Man redet wenig in solchen Augenblicken, besonders wenn man die Gewissheit hat, dass sich für die nahe Zukunft ein gewaltiger Konflikt ankündigt.

Noch am Tag seiner Beerdigung ziehen sich erste zerstörerische Risse durch das Imperium, das Jacques-Yves Cousteau aufgebaut hat.

KAPITEL 3

Die Schäferin und die Stewardess

Jacques Triplet aus Paris ist noch ein sehr junger Mann, als man ihm offenbart, dass er Vater geworden ist. Seine Tochter Francine Joëlle hat am 12. Januar 1946 auf einer Entbindungsstation in Limoges das Licht der Welt erblickt. Francines Mutter hat Jacques Triplet im Zweiten Weltkrieg kennengelernt und das Kind ist die Frucht einer romantischen Liebesgeschichte. Jacques' Eltern raten ihm, zuerst an seine Zukunft zu denken: Er ist noch viel zu jung, um die Vaterrolle zu übernehmen und sollte sich lieber um sein zukünftiges Berufsleben kümmern. Und dann hat er auch diese junge Frau getroffen, die er bald heiraten will. Durch Fleiß und Beziehungen wird Jacques Triplet einer der engen Mitarbeiter von Guy Dejouany, dem charismatischen Direktor der CGE[11] (Compagnie générale des eaux). Jetzt

11 Französischer Umwelttechnikkonzern tätig in der Umwelttechnologie, Abfallwirtschaft, Wasserversorgung. [Anm. d. Übers.]

ist Jacques Triplet einer von ihnen und verfügt über ein beachtliches Einkommen. Er hat es zum Direktor der Compagnie générale de chauffe de Lille, einer der Filialen der CGE, gebracht. Die Geschäfte laufen bestens, und er fühlt sich prächtig in diesem privilegierten Milieu einflussreicher Unternehmer. Warum entscheidet er sich, die Tochter seiner Jugendliebe Jahre nach ihrer Geburt offiziell anzuerkennen? Niemand außer ihm weiß hierauf eine Antwort. Sicher ist, dass Francine bei ihrer Mutter auszieht und ihre Heimat verlässt, um bei Vater und Stiefmutter zu leben.

Lange Zeit weiß Francine Triplet nicht, was sie beruflich machen will. Da sie gute Englischkenntnisse hat, legen die Eltern ihr nahe, an einer Aufnahmeprüfung für Stewardessen teilzunehmen. Francine befolgt den Rat, ohne zu ahnen, dass diese Entscheidung den Rest ihres Lebens bestimmen wird. Francine Triplet wird Stewardess bei Air France. Nach einigen Jahren steigt sie zur Chefstewardess auf. Die ehemaligen Flugbegleiter, die ihr unterstanden, erinnern sich an sie als eine widersprüchliche Persönlichkeit. Für die einen ist ihr Berufsethos eine Zierde für die Fluggesellschaft. Für die anderen prägt ihre äußerst strenge Art die Atmosphäre auf den Flügen. Oft wird sie als autoritäre Frau beschrieben, ohne Nachsicht für ihre feste Crew und die wechselnden Mitarbeiter. Aber alle sind sich in einem Punkt einig: Francine liebt die Gesellschaft der Prominenten und Berühmtheiten, denen sie auf den Flügen begegnet.

Francine trifft Jacques-Yves Cousteau auf einem Concorde-Flug. Die offizielle Version besagt, sie habe ihren zukünftigen Mann während eines Tauchlehrgangs in den Vereinigten Staaten kennengelernt, nachdem sie ihm einen Brief schrieb, auf den man ihr wiederum nur mit einem Standardbrief antwortete. Ganz offensichtlich ist die junge Frau entzückt, dass sie einige Worte mit einem der berühmtesten Männer ihrer Zeit wechseln kann. Ihr Charme, ihre Spontaneität und ihre Jugend bezaubern Cousteau von Anfang an. Der Altersunterschied von dreißig Jahren fällt nicht ins Gewicht: Er wird schwach bei ihrem strahlenden Lächeln, er ist hingerissen von ihren blauen

Augen, die so tiefblau sind wie das Mittelmeer vor den Frioul-Inseln, das er so liebt.

Cousteau ist damals einer der wichtigsten Stammkunden der Concorde: Es kommt vor, dass er dreimal pro Woche in das Überschallflugzeug steigt. Ein Sponsor, den es zu überzeugen gilt, ein Ausstatter, der umgarnt werden will, eine Einladung an das Rednerpult eines großen internationalen Gremiums, für den sein Beitrag eine Ehre bedeutet. Kurz, er ist ein Mann, der auf dem internationalen Parkett zählt, und die Concorde ist sein Luxustaxi geworden. Seine rote Mütze, seine spindeldürre Figur, seine Adlernase und sein französischer Akzent, den er kultiviert, wenn er Englisch spricht, haben ihn zu einer lebenden Legende gemacht. Seit *Die schweigende Welt* hat er etwa fünfzig weitere Filme für das Fernsehen gedreht und Dutzende von Büchern verfasst, die in mehr als zehn Sprachen übersetzt wurden. Er ist der bekannteste Franzose in den Vereinigten Staaten und auf dem Höhepunkt seines Ruhms. Die Cousteau Society, eine gemeinnützige Gesellschaft, die er im September 1973 gegründet hat, gibt die Zahl ihrer Mitglieder mit 300 000 an. Eine Flut von Beiträgen, Spenden und Vermächtnissen fließt in ihre Kassen. Der ehemalige Korvetten-Kapitän ist eine Schlüsselfigur geworden, eine Art Umwelt-Papst, der eine Stellungnahme zur Zukunft unseres Planeten nach der anderen abgibt, seine Zeitgenossen vor den Gefahren der Kernkraft warnt und sie auf das fragile Gleichgewicht der Weltmeere aufmerksam macht. Er ist der grüne Blick und das blaue Gewissen der globalen Ökologiebewegung. Sein Einfluss wächst. Sein Wort wird zum Evangelium. Die wichtigsten Staatsmänner wollen sich neben ihm fotografieren lassen. John F. Kennedy, Ronald Reagan und George Bush Senior empfangen und umschmeicheln ihn, überreichen ihm Medaillen und gewinnen auf Kosten des medienwirksamsten aller Umweltschützer ihre umweltpolitische Jungfräulichkeit zurück.

Und zudem ist er auch noch Franzose.

Berühmt zu sein hat auch gute Seiten: Cousteau streckt die Beine aus und verstellt seine Rückenlehne nach hinten. Diese Stewardess gefällt ihm wirklich außerordentlich gut. Vor ihm zeigt ein Digitalbildschirm an, dass er gerade mit zweifacher Schallgeschwindigkeit über den Atlantik fliegt. Dazu leert er ein Glas Champagner, kredenzt von Francine Triplet.

Zu diesem Zeitpunkt schickt sich seine Ehefrau Simone auf der *Calypso* an, wieder in ihre Kabine zu gehen. Sie wirft einen letzten Blick auf das Meer. Ihr Hund, ein hässlicher Basset, macht es sich zu ihren Füßen bequem. Der erste Stopp ist noch drei Tagesfahrten entfernt. Es war ein erfolgreicher Tag. Die Taucher konnten eine wunderbare Sequenz mit verspielten Delfinen filmen, und sie möchte den Sonnenuntergang, der die Flanken ihres Schiffes in warmes Licht taucht, bis zum letzten Augenblick genießen.

Es ist ihr Schiff, es gehört niemandem sonst.

Dies ist die einhellige Meinung der ehemaligen Mitstreiter der Cousteau-Odyssee: Der eigentliche Kapitän der *Calypso*, ihr Gewissen, ihre Seele und ihre Erinnerung, das ist Simone. Jedes Mal, wenn die Mannschaft an Bord geht, bei jeder Expedition ist sie dabei. Die Crew nennt sie *La Bergère*, das ist der traditionelle französische Spitzname für die Ehefrau des Kommandanten auf einem Schiff der französischen Marine. *La Bergère* lebt vierzig Jahre auf der *Calypso*. Dieses Leben war ihr ganzes Glück, aber auch das ihrer Crew. Yves Paccalet, offizieller Cousteau-Biograf, erinnert sich, dass Simone sich rühmte »die einzige Seemannsbraut zu sein, die an Bord auf ihren Mann wartet. Damit hat sie es ihrer Familie, den Melchiors, heimgezahlt! Simones Vater ist ein wichtiger Manager bei Air liquide[12]. Sie verbringt einen großen Teil ihrer Jugend in Japan im Kreise von Verwandten, die in jener Zeit zum angesehenen Großbürgertum zählen. Wie ist es zu erklären, dass sie immer das Bedürfnis empfunden hat, zur See zu fahren? Vielleicht war es die Familientradition. Ihr Vater

---

12 Großer französischer Gashersteller für medizinischen und Industriebedarf. [Anm. des Übers.].

ist ehemaliger Fregattenkapitän. Ihr Großvater und der Urgroßvater waren Admiral und Simone beschwerte sich immer bitter über die ungerechte Regelung, die es Frauen verwehrt, in der französischen Marine Karriere zu machen. Inzwischen gelten andere Gesetze. Die klein gewachsene Frau mit dem umwerfenden Charme verfügt über eine unglaubliche Energie und einen »blumigen Wortschatz«. In beidem ist sie ihrer Crew überlegen. Sie raucht und trinkt wie ein Kerl. Sie ist Mutter, Vertraute, Krankenschwester und beste Freundin der Männer ihrer Crew. Sie ist diejenige, die man umwerben und überzeugen muss, wenn man beim Abenteuer Cousteau dabei sein will. Ihre Meinung hat den Wert einer Verordnung, ihr Wort macht Eindruck. Alle, die sie kennenlernen, verfallen ihrem Humor und ihrem willensstarken Charakter. Simone ist die Seele der *Calypso*, ihre Muse und ihre Herzenskönigin. Sie wird von den Alteingesessenen vergöttert und von den Neuen gefürchtet.

Denis Martin-Laval, Freund und Vertrauter von Simone, ruft sich mit großem Vergnügen sein privilegiertes Verhältnis zu *La Bergère* in Erinnerung. »Zuerst musste man ein Mann sein, um ihr zu gefallen. Die wenigen Frauen, die an Bord der *Calypso* kamen, haben das lange bereut. Sie hat die jeweiligen Qualitäten der Männer sehr schnell erkannt. Sie konnte einen ohne Umschweife feuern, wenn man seine Aufgaben nicht gut erledigte«, erzählt er.

> »Es war einfach, ihr zu gefallen.
> Man musste arbeiten und durfte keinen Murks machen,
> wie man in Marseille so sagt.«

Alain-Marie Tranonouïl war zwischen 1981 und 1983 Kapitän auf der *Calypso*. Er erinnert sich noch gut an seine erste Begegnung mit Simone Cousteau. »Ich war angeworben worden, um die *Calypso* sicher von Monaco nach New York zu bringen«, erzählt er. *La Bergère* hat mich als Erste begrüßt, als ich an Bord kam. Sie hat mich mit einem unglaublich durchdringenden Blick taxiert. Vom ersten Augenblick an habe gespürt, dass sie eine ganz außergewöhnliche Person war. Sie war für mich wie ein Diamant. Sie hatte alle Eigenschaften: den

Glanz, das Leuchten, die Facetten.« Sein Blick schweift in die Vergangenheit. »Sie wusste alles über jeden von uns«, fügt er hinzu. Sie konnte jedes Geräusch auf ihrem Schiff auf Anhieb zuordnen und sie wusste, was unsere Herzen bewegte.« Ich frage ihn, warum sich Simone in dieser neuen Situation gefiel, als Frau in einer Crew von Männern das Sagen zu haben. »Vielleicht weil es für sie ein Harem mit umgekehrtem Vorzeichen war«, antwortet er mit schelmischem Lächeln.

Alain-Marie Traonouïl führt mich in eines der Zimmer in seinem wunderschönen Haus, das mit Meerblick in den Hügeln von Pléneuf-Val-André liegt. Seit er die Équipe Cousteau verließ, hat er sich hierher in die Bretagne zurückgezogen. Was für eine Überraschung! In Erinnerung an die Zeit, als er das Kommando auf der *Calypso* führte, hat er sein eigenes privates Museum aufgebaut. *La Bergère* nimmt dort viel Raum ein. Überall gibt es Fotos von ihr, die sie in unterschiedlichem Alter zeigen. Auch eine Sonnenbrille, an der ein Bügel fehlt, hat er behalten. »Die trug sie an dem Tag, als ich sie kennenlernte«, erklärt er mir. »Ich habe sie aufgehoben, als Erinnerung.« Sein Blick verklärt sich, er legt die Brille zurück vor eine winzige Blumenvase, in die er jeden Tag eine frische Rose stellt.

Ortswechsel. Wir befinden uns in einer Wohnung im östlichen Teil von Paris. Jocelyne de Pass[13], ehemalige Übersetzerin von Kommandant Cousteau und Biografin von *La Bergère*[14], zeigt mir uralte Schwarzweißfotos der Familie Melchior. »Simone Cousteau und ihr Mann hatten einen Pakt geschlossen«, vertraut sie mir an. »Eine Rollenteilung zwischen diesen beiden sehr begabten Menschen. Jeder hatte seinen Bereich, die Zuständigkeiten waren aufgeteilt: Für Cou-

---

13 Autorin von *Moi,* Calypso: *Autobiographie secrète d'un bateau de légende* (*Ich, Calypso: Geheime Autobiografie eines legendären Schiffes*), 2004 in Paris bei Michalon erschienen.

14 Zusammen mit Alexandra Cousteau Autorin von *Simone Cousteau, l'âme de la* Calypso [*Simone Cousteau, die Seele der Calypso*], 2002 im Verlag Les Intouchables in Montreal erschienen. Auch diese Biografie liegt noch nicht auf Deutsch vor.

steau das Rampenlicht und die Ehrungen. Für Simone das Schiff, das ihr Zuhause werden sollte, eigentlich fast ihr einziger Lebensinhalt.« Jean-Michel Cousteau geht noch weiter. Für ihn war *La Bergère* die wahre Muse seines Vaters. »Ohne sie war er nichts«, sagt er mir. »Er hat keine einzige wichtige Entscheidung getroffen, ohne sie vorher nach ihrer Meinung zu fragen. Was sie aber beide nicht daran hinderte, hitzig ihre unterschiedlichen Ansichten zu vertreten. Cousteau fürchtete die Wutanfälle seiner Frau. Kaum vorstellbar, dass er in ihrer Gegenwart klein beigab! Simone herrscht im Schatten ihres Mannes, taucht nie in den Filmen auf, lässt sich nicht – bis auf ganz seltene Ausnahmen – mit ihrer Crew fotografieren. Sie ist trotzdem unwiderstehlich, mit ihren blonden, zum Zopf geflochtenen Haaren und den Steghosen. Erinnerungen: In jener Zeit sucht John F. Kennedy nach einer Lösung für die Kubakrise, die die Raketen der Sowjets ausgelöst hatten. Ich sehe mir das verwaschene Archivmaterial der BBC an, einen Schwarz-Weiß-Film, der Simone Cousteau lächelnd auf der Brücke der *Calypso* zeigt, wie sie die Fragen eines schmerbäuchigen Journalisten beantwortet. Er hält ihr das Mikrofon unter die Nase und fragt, ob sie gerne zusammen mit ihrem Mann tauche. »Nein«, antwortet sie auf Englisch. »Mir graust vor der Tiefe, und außerdem hasse ich es, in kaltem Wasser zu schwimmen.« Der Reporter ist von dieser Antwort so verunsichert, dass er nicht mehr weiß, wie er weitermachen soll. Er begnügt sich damit, ihren Hund zu streicheln, das Maskottchen der *Calypso*, den *La Bergère* an ihre Brust drückt.

Jahre später, in einer Zeit, als die zukünftigen Mitspieler von *Big Brother* noch nicht geboren sind, moderiert Jacques Chancel im französischen Fernsehen die Kultsendung *Grand Échiquier*[15]. Die Gäste rund um den Tisch fühlen sich pudelwohl. Wir erkennen Fouroux und Rives, die beiden Spieler, die in jenem Jahr 1981 der französischen Rugby-Mannschaft ihre großen Erfolge bescheren. Dieses eine

15 Échiquier, dt. Schachbrett oder Schauplatz, Szene. Populäre Unterhaltungssendung, die vom Charisma ihres Gastgebers Jacques Chancel lebte.

Mal ist nicht Cousteau der Star. Man sieht ihn neben seinem Sohn Jean-Michel in der ersten Zuschauerreihe sitzen. Rechts neben Chancel sitzt, im hellen Rampenlicht, Simone. Mit ihrem Humor verdreht sie den Leuten den Kopf. Sie spricht über Rugby und Boxen, bevor sie ihren Mann aufs Korn nimmt. »Der wirkliche Kapitän der *Calypso*, das bin ich«, antwortet sie auf eine Frage von Chancel. »Das Schiff ist mein Zuhause.« Mit einer Kopfbewegung deutet sie auf Cousteau. »Er gehört zur Fraktion der Künstler. Kennen Sie die Künstler? Diese Leute, die im Flugzeug reisen, sich mit dem Hubschrauber absetzen lassen und nur zwei oder drei Tage auf der *Calypso* verbringen. Sie stoßen für einen Filmdreh zu uns, nachdem ich mit meiner Mannschaft aus echten Seeleuten den Atlantik oder den Pazifik überquert habe!« Tief in seinen Sessel versunken, bricht Cousteau in ein gezwungen wirkendes Lachen aus. Simones Medienauftritte beschränken sich auf diese beiden Szenen. Zu Hause ist sie das Negativ ihres Mannes, die Rückseite der Vorderseite. Sie ist der Schatten, er das Licht. Man kann nicht leugnen, dass sie sich wechselseitig ergänzen. Nichts kann ihre Aufmerksamkeit füreinander stören. Selbst als er beginnt, sich seltener blicken zu lassen. Ahnt sie etwas? Glaubt sie, ihr JYC sei zu einer vorübergehenden Untreue fähig oder zu einem Doppelleben? Das ist durchaus wahrscheinlich. Denn es wäre eine Beleidigung, würde man sich *La Bergère* nicht feinfühlig genug oder naiv vorstellen. Simone bemerkt sehr wohl, dass JYC immer seltener auf die *Calypso* kommt. Sie gibt sich mit Telefongesprächen zufrieden. Seine Geschäfte, erklärt er ihr, werden immer wichtiger und beanspruchen immer mehr Zeit. Manchmal würde sich *La Bergère* ein einfaches Leben als ganz normales Paar wünschen. Aber sie hat einen Abenteurer geheiratet, der inzwischen einer der bekanntesten Männer unseres Planeten geworden ist. Welche Ehe könnte ein solches Übermaß an Popularität aushalten?

Cousteau ist nicht mehr sein eigener Herr. Die Sache, für die er steht, treibt ihn von seiner Familie fort, von seinen Freunden, seinen Mitarbeitern. Er zählt jede Minute seiner kostbaren Zeit. Es gibt Wochen, in denen er mehr Zeit im Flugzeug verbringt als auf festem Boden! Wenn er Simone auf der *Calypso* wiedersieht, ist sein Aufenthalt immer zeitlich begrenzt: mal zwei Tage, mal drei Tage. Er setzt seine rote Mütze auf und zündet sich seine Pfeife an. Das Drehteam nutzt die seltenen Augenblicke seiner Anwesenheit, um mit ihm Szenen zu drehen, die für die Fortsetzung eines Films gebraucht werden, an dem man gerade arbeitet. Das muss schnell gehen, denn die Abstände zwischen einer Rückkehr und der nächsten werden immer länger, wenn er sie nicht sogar im letzten Augenblick ganz absagt.

Simone lässt sich nicht täuschen. Ihr JYC entfernt sich von ihr, ihre Beziehung kühlt ab, er löst sich von ihr. Und mit einem Mal fühlt sie sich alt. Wie sollte sie nicht spüren, dass sie den Mann verliert, den sie mit sechzehn kennengelernt und dem sie zwei Jahre später das erste Kind geboren hat? Der Gedanke ist ihr unerträglich. Ihr bleibt nur, auf ihrer *Calypso* Zuflucht zu suchen, so wie man sich in einen Kokon einspinnt. Der Rest, das ist die Krankheit, dieser verdammte Krebs, den sie nicht behandeln lassen will. Man kann es ebenso gut schnell hinter sich bringen, sich mit Leichtigkeit empfehlen, die Ernsthaftigkeit des Übels, das sie auszehrt, nicht zugeben. Ihr Mann soll nie etwas davon erfahren. Sie wird es ihm bis zum Schluss ersparen. Simone ist viel zu stolz, als dass sie ihn wissen ließe, wie hinfällig ihr Körper geworden ist. Nur einem vertraut sie sich an: Denis Martin-Laval.

Denis ist Simones letzte Rettung. Er pflegt sie so gut er kann, überzeugt sie, eine erste Operation machen zu lassen, die ihr noch zwei oder drei Jahre Aufschub geben wird. Trotz der Schmerzen beklagt sie sich nie, nie ruft sie ihren Mann zu Hilfe. Fünfzehn Jahre danach füllen sich die Augen von Denis Martin-Laval mit Tränen, als er sich an diese sehr schmerzhafte Zeit erinnert.

Simone Cousteau verlässt ihr Schiff am 23. August 1990.
Für immer.

Die *Calypso* liegt in Batangas vor Anker, südlich von Manila, der Hauptstadt der Philippinen. Die Luft ist feucht, und die Blicke der Mannschaft sind traurig. Jeder an Bord tut so, als sei er beschäftigt, während alle auf das Ritual warten: Jedes Mal, wenn sie die *Calypso* verlässt, umarmt sie in der Nähe ihrer Kabine den metallenen Stützbalken für die Brücke, bevor sie die Gangway hinuntergeht und wieder festen Boden betritt. Sie stirbt einige Wochen später in ihrer Wohnung in Monaco. Es ist sechs Uhr morgens, ein unheilvoller Sonntag. Cousteau ruft Denis Martin-Laval an, der auf der Stelle in sein Auto springt und ohne Rücksicht auf das Tempolimit von Marseille nach Monaco rast. »Ich habe die Strecke in etwas mehr als zwei Stunden zurückgelegt«, erinnert er sich. »Cousteau wollte, dass ich selbst den Tod von *La Bergère* feststelle. Am Vorabend hatte er ein letztes Mal zusammen mit seiner Frau zu Abend gegessen. Dann waren sie schlafen gegangen. Simone war in der Nacht aufgestanden und ist nicht mehr aus dem Badezimmer zurückgekehrt. Dort hat er sie am frühen Morgen gefunden. Ich bin sicher, dass sie auf ihn gewartet hat, um an seiner Seite sterben zu können.« Einige Tage später wird Simones Asche vor der Küste Monacos ins Meer gestreut. Außer den nahen Familieangehörigen sind nur Albert Falco, Denis Martin-Laval und Hedwige Bienvenue[16] zu der Zeremonie geladen. Der Tod von *La Bergère* bezeichnet das Ende einer Epoche. Mit der ersten Frau des Kommandanten bricht ein wesentlicher Teil von Cousteaus Imperium zusammen.

Die *Calypso* hat ihre Seele verloren, ihre Herzdame. Davon wird sie sich nicht mehr erholen.

---

16 Die »historische« Cutterin von Cousteaus Filmen.

KAPITEL 4

Die Machtübernahme

Die Frist, die das Gesetz vorsieht, haben sie genau eingehalten.

Am 28. Juni 1991, sechs Monate nach dem Tod seiner ersten Frau Simone Melchior, heiratet Jacques-Yves Cousteau in zweiter Ehe Francine Triplet. Es ist eine standesamtliche Trauung im Rathaus des 8. Pariser Arrondissements. Es ist der Todestag seines Sohnes Philippe. Jean-Michel Cousteau wohnt der Zeremonie beinahe zufällig bei. Einige Tage zuvor hat sein Vater ihn angerufen und ihn informiert. Jacques Chirac traut das Paar, obwohl es kein öffentliches Aufgebot gibt. Jean-Michel fragt sich, ob das alles überhaupt rechtmäßig ist. Aber der wichtigste Grund für seine Wut liegt woanders. »Ich kann nicht begreifen, warum sie sich für dieses Datum entschieden haben. Sie hätten einen Tag vor oder nach dem 28. Juni heiraten können. Das zeugt von einem totalen Mangel an Gefühl. Für mich ist es eine echte Zumutung!«

Francine macht sich überhaupt nichts aus der seelischen Verfassung ihres Stiefsohns, obwohl sie zu dieser Zeit ein freundschaftliches Verhältnis haben. Für sie ist es ein Augenblick des Triumphes.

Mit Cousteau heiratet sie auch ein Imperium aus Gesellschaften, eingetragenen Marken, Tantiemen für Patente und Autorenrechten. Sie heiratet vor allem ein sehr lukratives Markenimage. Cousteau, seine legendäre rote Mütze und seine Pfeife bezaubern weltweit Hunderttausende von Fans. Die Guthaben auf den Bankkonten der Fondation Cousteau in Frankreich und der Cousteau Society in den USA lassen sich in Millionen Dollar beziffern. Da kann einem wirklich schwindlig werden.

Bisher gab es für Francine kein Leben in strahlenden Farben. Sie hat sich mit gebrochenen Farben zufriedengeben müssen. Immerhin hat Cousteau sie doch häufig eingeladen, ihn zu öffentlichen Veranstaltungen zu begleiten, aber er stellte sie als seine Nichte vor. Diese Situation erinnert an ein schlechtes Boulevardstück. Wenn JYC sie bei Air France anruft, benutzt er einen Decknamen und spricht durch ein Taschentuch, um den Stimmenfilter der Telefonzentrale auszutricksen. Francine muss ihr Verhältnis vor der Öffentlichkeit verbergen, auch wenn ihr Mädchenname manchmal im Nachspann der Filme auftaucht. Denn sie hat angefangen, Filmkommentare zu schreiben. Ihren ersten Beitrag verfasst sie für einen Dokumentarfilm über Indonesien, der Mitte der Achtzigerjahre gedreht wurde.

Hedwige Bienvenue steht vor ihrem Schneidetisch und kann ihr Staunen nicht für sich behalten. »Kommentare zu schreiben ist ein Metier für sich«, sagt sie mir. »Wir hatten bis dahin ein Team von amerikanischen Autoren, echte Profis in ihrem Fach. Francine Triplet glaubte, sie ersetzen zu können, wo sie doch bei keinem einzigen Dreh vor Ort dabei war und auf diesem Gebiet überhaupt keine Erfahrung hatte. Das ist ein bisschen so, als würde ein Journalist einen Artikel schreiben, den er nicht selbst recherchiert hat. Ihre Texte hatten nicht das Niveau der früheren Produktionen. Die amerikanischen Übersetzer haben sich die Haare gerauft bei dem Versuch, dem, was sie da auf Französisch schrieb, einen Hauch von Sinn zu entlocken.« Cousteau ist sich des Problems bewusst, unternimmt aber nichts. Dabei steht die Qualität seiner Produktionen auf dem Spiel. Als Hedwige Bienvenue ihn auf dieses heikle Thema anspricht, antwortet er kurz angebunden: »Keine Sorge, Francine macht eine Fortbildung. Sie wird bald besser mit dieser Aufgabe umgehen können.«

Thierry Ragobert ist damals Hedwige Bienvenues Schnittassistent. Seine Mitarbeit beginnt 1981 mit einer Filmreihe über Amazonien. »Zunächst einmal müssen Sie wissen, dass ich ein Cousteau-Fan bin. Er hat mich ausgebildet, er hat mir alles beigebracht und er hat mir gegenüber in manchen Zeiten sehr viel Einfühlungsvermögen bewiesen. Er war das große männliche Vorbild in meinem Leben. Und die Produktionsfirma[17], die ich im Augenblick leite, wurde mit ehemaligen Mitarbeitern von Cousteau zusammen gegründet.« In der Villa Wagram arbeitet Thierry Ragobert an der Seite von Hedwige Bienvenue in einem Schneideraum unter der Privatwohnung von Jacques-Yves Cousteau. »Wir waren mittendrin im Doppelleben des Kommandanten«, erinnert er sich. »Zunächst hat er uns Francine als eine Freundin vorgestellt, dann haben wir ihre beiden Kinder, Diane und Pierre-Yves kennengelernt. Sie kamen oft in den Schneideraum, um Bilder auszumalen.«

Anfangs nähert sich Francine mit großer Vorsicht dieser ihr unbekannten Welt des Dokumentarfilms. Sie traut sich kaum eine Bemerkung zu machen, wenn sie bei einer Filmvorführung dabei ist. Bei Air France wird sie in dieser Zeit damit beauftragt, Ausbildungsfilme für Flugbegleiter zu drehen. Wenn die Gesellschaft zum Beispiel ein neues Flugziel anfliegt, ist Francine auf dem ersten Flug dabei und macht mit einer kleinen Videokamera einige Aufnahmen. Thierry Ragobert kann sich daran erinnern, dass er in den Räumlichkeiten der Stiftung einen der Auftragsfilme[18] für Air France geschnitten hat. Francine schrieb den Kommentar und JYC befürwortete ihre Arbeit, die er für ausgezeichnet hielt. Warum sollte sie unter diesen Umständen nicht die Texte für die Erzählerstimme seiner eigenen Filme schreiben? »Von diesem Augenblick an ist die Situation ins Rutschen geraten«,

17 Matin et soir Films.

18 Dokumentarfilme, die im Sektor Bildung, Marketing oder Unternehmensstrategie gedreht werden und wie ein Werbefilm über die Tätigkeiten eines Verbandes oder einer privatrechtlichen Gesellschaft berichten.

erinnert sich Ragobert. »Wir wurden vor vollendete Tatsachen gestellt. Es gab keine Erklärung dafür, dass Francine diese Rolle übernimmt, und Cousteau hat sich durchgesetzt, trotz unseres Zögerns.«

Ein anderer Schritt, diesmal finanzieller Natur, hat größere Auswirkungen. Francine Triplet erscheint von nun an im Abspann der Filme als Koautorin von Jacques-Yves Cousteau. Dieser Hinweis schmeichelt nicht nur ihrem Ego. Er erlaubt ihr vor allem, Autorenrechte zu beanspruchen, die von der SCAM[19] ausgezahlt werden. Cousteau hat einen Weg gefunden, um Francines Zukunft und die ihrer Kinder finanziell abzusichern. Von nun an bezieht Francine Tantiemen für die etwa zehn Filme, deren Kommentare ihr zur Hälfte zugeschrieben werden. Cousteaus Filme werden im Aufnahmestudio Audiophase gemischt. Das renommierte Studio in der Rue de Vaugirard in Paris ist für die Kompetenz seiner Toningenieure berühmt, die an den am höchsten entwickelten Mischpulten arbeiten, die es zu jener Zeit gibt.

Sylvain Fage, der Direktor von Audiophase, hat den sechsten Sinn. Vor der gesamten Konkurrenz hat er als Erster gewittert, dass das Medium Film sehr schnell von der Videotechnik ersetzt werden wird. Er rüstet seine Studios mit revolutionärer, in Frankreich einmaliger Technik aus. »An den Filmen von Cousteau zu arbeiten, bedeutete für mich mehr als nur einen Vertrag zu erfüllen«, erklärt er. »Es war der Aufbruch in ein Abenteuer, das mehr als zehn Jahre dauern sollte. Wir waren stolz auf diese Zusammenarbeit. Ich erinnere mich noch an den ersten Tag, als Cousteau kam, um seine Kommentare aufzunehmen. Er blieb vor der Eingangstür stehen, sah nach oben und sagte mir mit einem beunruhigten Blick: ›Hoffentlich bricht das Gebäude nicht ein und begräbt das Studio unter sich.‹«

In der Abfolge der Expeditionen folgt eine Produktion auf die andere. Cousteau ist auch einer der Kommentatoren in seinen Filmen, er spricht die französische und die englische Stimme. Er brilliert in

---

19 Vereinigung der multimedial arbeitenden Autoren, die Geldbeträge an Autoren zahlt, deren Magazinsendungen und Dokumentationen im Fernsehen gesendet werden.

dieser Aufgabe und übertreibt dabei gewollt seinen französischen Akzent[20], der auf der anderen Seite des Atlantiks so beliebt ist. Und dann erscheint eines Tages Francine.

»Damals wurde für uns ein echter Bruch mit der Zeit davor spürbar, eine Art Demotivation, die die gesamte Équipe Cousteau erfasste«, analysiert Sylvain Fage. »Die Studiositzungen wurden komplizierter, die Arbeit mühsamer. Ständig verlangte Cousteau von Francine, dass sie ihre Kommentare noch einmal sprach. Sie war sehr unsicher bei dieser Aufgabe. Alles kostete endlos viel Zeit mit ihr und das hat die Dauer der Aufnahmen deutlich in die Länge gezogen.«

Philippe Guasch hat als Toningenieur bei Audiophase über zehn Jahre die von Cousteau produzierten Filme abgemischt[21]. »Ab dem Zeitpunkt, als Francine dazukam, hat der Kommandant sich merklich zurückgenommen. In den Studiositzungen hatte sie einen enorm starken Einfluss auf ihn. Sie konnte keine Texte schreiben und die Schauspieler[22] nicht anleiten, aber für uns war klar, dass Cousteau kein Opfer war. Ich habe immer gespürt, wie verliebt er war. Er benahm sich wie ihr Komplize und bewunderte sie dafür, dass sie ihn so in der Hand hatte.« Georges Wilson ist bis dahin die historische Erzählerstimme der Cousteau-Filme. Er bleibt nicht lange. Francine bittet Charlotte Rampling ihn zu ersetzen. Sie hat die englische Schauspielerin am Schultor der Privatschule, die ihre Kinder besuchen, kennengelernt. Unmittelbar danach schlägt sie dem Ehemann von Charlotte, Jean-Michel Jarre vor, die Begleitmusik für einen Film zu übernehmen, der bei Audiophase gemischt wird.

---

20 Cousteau beherrscht Englisch perfekt, denn er hat einen Teil seiner Schulzeit in den USA verlebt.

21 Das Abmischen wird in einem Tonstudio vom Toningenieur übernommen. Seine Aufgabe ist es, Atmosphäre, Interviews, musikalische Sequenzen und Kommentare, die die Tonspur eines Films bzw. einer Dokumentation bilden, möglichst gut aufeinander abzustimmen.

22 Eine ganze Reihe von Schauspielern leihen (gegen eine hübsche Vergütung) ihre Stimme dem Erzähler der Dokumentarfilme, die von den Fernsehsendern ausgestrahlt werden. Auch Pierre Vaneck hat viele Kommentare für Cousteaus Filme aufgenommen.

»Nachdem sie das eingefädelt hatte, lieferte Jean-Michel Jarre etwas völlig Belangloses ab«, erinnert sich Philippe Guasch. »Er ist mit einigen CDs angekommen, die er eingespielt hatte und die schon im Handel waren. Er hat nicht einmal neue Musik für den Film komponiert. Das Ergebnis war eine Katastrophe!«

Francine muss sich auf die eine oder andere Art beweisen, und das in einem Metier, in dem sie noch nie gearbeitet hat. Auch das ist ihre Art, mit den schmerzlichen Seiten eines Doppellebens fertig zu werden, das sich unendlich in die Länge zieht. Schon viel zu lange akzeptiert sie ein Leben in bedrückender Heimlichkeit. 1989 ist sie unerkannt dabei, als der Kommandant in die Académie française aufgenommen wird[23]. Natürlich genießt sie jeden Abschnitt der Begrüßungsrede, die Bertrand Poirot-Delpech hält. Aber sie verabscheut die Passagen, in denen der Schriftsteller unterstreicht, welch unverzichtbarer Beitrag die Unterstützung von *La Bergère* für den Lebensweg ihres Mannes bedeutete.

> »Erlauben Sie mir zuallererst den ältesten Gefährten zu nennen,
> den mit dem niedrigsten Dienstgrad, den Teufelskerl.
> Ich spreche von Ihrer Frau, Simone Cousteau, der Taucherin
> aus den heroischen Zeiten und der Gralshüterin der *Calypso*«.

So lautet die scherzhafte Antwort des Akademiemitglieds auf die Rede von Jacques-Yves Cousteau. Am Ende der Veranstaltung verschwindet Francine. Auf den Fotos sind Simone und Jean-Michel an der Seite ihres Ehemannes und Vaters in der traditionellen grünen Uniform der Mitglieder der Académie française zu sehen.

Und dann kommt die kirchliche Hochzeit. Für Francine ist der 9. April 1992 ein Tag des Ruhmes. Nichts will sie dem Zufall über-

---

23 Im Alter von 78 Jahren nimmt Cousteau den Sitz von Jean Delay ein, einem beim großen Publikum wenig bekannten »Unsterblichen« [Bezeichnung der Mitglieder der Académie française, die auf Lebenszeit gewählt werden; Anmerk. d. Übers.].

lassen. Von der Wahl des Geistlichen[24] bis zur Gästeliste, die sie eigenhändig schreibt. Francine organisiert alles bis ins kleinste Detail und mit äußerster Sorgfalt.

Hedwige Bienvenue ist bei der Hochzeitszeremonie anwesend. Sie erzählt die folgende Begebenheit: »Mitten im Gottesdienst erhob sich Francine und hielt eine Ansprache. Sie dankte unter anderem den Verantwortlichen eines konfessionellen Internats, das ihre beiden gemeinsamen Kinder, Diane und Pierre-Yves, besucht hatten. Ich war schon Gast auf einigen Hochzeiten, aber ich hatte noch nie gesehen, dass die Braut sich während der Trauungszeremonie an die geladenen Gäste gewandt hätte. Ich denke, sie wollte die Sache richtigstellen und ihre Vergangenheit ihren Nächsten gegenüber rechtfertigen. Beim Zuhören vergoss Cousteau Tränen der Rührung. An diesem Tag habe ich gespürt, wie sehr er sie liebte. «

Bernard Violet, der Autor einer nicht autorisierten Biografie des Kommandanten[25], hält sich hinter einem Baum versteckt. Mit einer kleinen Kamera filmt er als einziger den Augenblick, als Braut und Bräutigam über die Schwelle der kleinen Pariser Kapelle in der Rue de La Tour-Maubourg treten, zwei Schritte entfernt von den touristischen Bateaux-Mouches auf der Seine und von dem berühmten Kaviargeschäft Petrossian. Er erinnert sich: »Alles war ausgehandelt und vorbereitet worden. Sie haben eine falsche Braut[26] mit einem Blumenstrauß vorausgeschickt, um die Fotografen und Kameraleute zu täuschen. So konnte die Exklusivität der Fotos gewährleistet werden, die schon an *Paris-Match* verkauft worden waren.« Die etwa sechzig Gäste finden sich wenig später am Buffet in den Räumlichkeiten der Académie française ein. Endlich wird Francines Geduld belohnt. Ihre beiden Kinder, Diane und Pierre-Yves, haben jetzt offiziell einen Vater. Jahrelang musste sie sich damit zufriedengeben, mit ihm heimlich als

---

24 Hochwürden Pater Carré, selbst Mitglied der Académie française seit dem 26. Februar 1976. Er wurde auf den Sitz von Kardinal Jean Daniélou gewählt.

25 Erschienen 1997 bei Fayard.

26 In den Fernsehnachrichten von France 2 wurden Bilder dieser Hochzeit ausgestrahlt, die sich – am Ausgang der Kirche – lange auf eine blonde junge Frau konzentrierten, die aber gar nicht die neue Madame Cousteau war.

inoffizielles Paar zu leben, in einem Alltag mit zweideutigen Worten, Halbwahrheiten und echten Lügen. Das ist jetzt Vergangenheit.

Am 14. Dezember 1992 widmet das französische Fernsehen dem Kommandanten und seiner neuen Familie eine Sondersendung. Eine öffentliche Vorstellung für die Fernsehnation. Das Programm trägt den Titel *Cousteau morgen*. Während des Vorspanns erklingen Trompeten und Streichinstrumente zur Begrüßung des Kommandanten, der umringt von zahlreichen Kindern einzieht. Die Produzenten haben sich nicht lumpen lassen. Eine Auswahl von Stars wird um Francine herum platziert, die in ihrem fuchsienroten Abendkleid entzückend aussieht. Die Sängerin Montserrat Caballé, die Schauspielerin Marie-Christine Barrault und auch Mireille Mathieu applaudieren, als Tochter Diane auf Japanisch vorsingt. Sie wird von ihrem Bruder Pierre-Yves auf dem Klavier begleitet. Cousteau ist unendlich glücklich.

Eine neue Zeit bricht an.

Francine wird zusehends selbstbewusster und übernimmt die Rolle der Managerin. Immer häufiger kommt sie in die Räume der Fondation Cousteau. Hedwige Bienvenue erinnert sich an den Tag, an dem sie Francine kennenlernte. »Nach der Begrüßung habe ich ihr vorgeschlagen, sie könne einen Teil des Büros von Anne-Marie Roth belegen, der Privatsekretärin von Cousteau. Anne-Marie war ein Stützpfeiler der Fondation Cousteau, die treueste Mitarbeiterin. Sie hat seit 1978 an der Seite von Cousteau gearbeitet. Das sagt schon alles.« Anne-Marie Roth sitzt in einem Raum, der keinen Zugang von außen hat, der aber strategisch sehr wichtig ist, nämlich im Vorzimmer des Büros des Kommandanten. Hedwige fährt fort: »An jenem Tag habe ich Anne-Marie Roth Francine vorgestellt und ihre sehr beachtlichen Fähigkeiten betont.« Anne-Marie ist Cousteaus Gedächtnis, sein Zerberus und sein Komplize. Sie hatte sich auf eine kleine Stellenanzeige beworben und wurde für die Buchhaltung eingestellt. »Tatsächlich war ich dann nie Buchhalterin«, erinnert sie sich und bricht in schallendes Gelächter aus. »Ich wurde sofort die Privatassistentin des Kommandanten.«

Cousteau beschäftigt sie nicht nur als Sekretärin. Er bittet sie, zusammen mit Bertrand Charrier[27] am *Alcyone*-Projekt zu arbeiten. Später kümmert sie sich abwechselnd mit Alain-Marie Traonouïl um die Logistik der Expeditionen. »Das war eine besondere Zeit«, erinnert sie sich. »Cousteau hatte die Fähigkeit, den Menschen, die er um sich hatte, ihre Chance zu geben. Expeditionen zu organisieren, das war für mich eine günstige Gelegenheit. Ich habe sie genutzt und war somit eine der wenigen Frauen, die an Bord der *Calypso* kommen konnten. *La Bergère* war immer sehr nett zu mir. Cousteau hatte eine außergewöhnliche Frau. Ich weiß, dass sie sich sehr liebten und dass ihr Tod einer der schlimmsten Schicksalsschläge seines Lebens gewesen ist.« Als Francine sich im Büro der Fondation Cousteau einrichtet, heißt Anne-Marie Roth die zweite Frau ihres Chefs in gutem Glauben willkommen. »Zu Beginn haben wir sie sympathisch und hübsch gefunden«, erinnert sie sich. »Aber wir waren naiv. Später wurde mir klar, dass der Kommandant sich in einem Netz verstrickt hatte. Er war verliebt und blind. Francine hat ihn zunehmend von allem abgeschottet. Sie ist hinter dem Kalifen hergelaufen, weil sie den Platz des Kalifen einnehmen wollte.« Cousteau bleibt trotz allem neugierig, ist voller Ideen, auch wenn er im Laufe der Monate abbaut und einiges aufgibt, was ihm bis dahin wichtig gewesen war. »Ich erkannte ihn nicht wieder«, sagt Anne-Marie Roth weiter. »Sie hat ihn verändert, so sehr, dass er sogar mit einer Fotoserie für die *Gala* einverstanden war. Das war eine absolute Premiere und überhaupt nicht sein Stil.«

Anne-Marie Roth wählt die richtigen Worte, als sie sagt, sie sei naiv gewesen. Ihre Trümpfe und ihre Vergangenheit werden ihr schaden. Im Oktober 1996 ist sie die Erste der alten Crew, die von Fran-

---

27 Direktor der Programme der Équipe Cousteau und Co-Erfinder des Turbosegels, einer revolutionären Antriebstechnik (Cousteau-Péchiney-Patent), die 1984 auf den Markt gebracht wird. Die *Alcyone*, das zweite Schiff der Cousteau-Stiftung, wurde damit ausgerüstet.

cine Cousteau entlassen wird. »Ja«, vertraut sie mir an, »es war sehr hart, eine so charismatische Persönlichkeit wie Cousteau verlassen zu müssen. Was mich aber am meisten quälte, war zu sehen, wie unfähig er war, auf die Ränke, die da geschmiedet wurden, zu reagieren.« Hedwige Bienvenue bestätigt das: »Francine hat sich direkt im Zentrum der Macht breitgemacht, sie hat sich im wahrsten Sinne des Wortes auf den Stuhl des Kommandanten gesetzt. Sie konnte sich nicht mit einem Platz in der zweiten Reihe zufriedengeben.« Francine sitzt am Steuer. Sie wird gefürchtet. Ihre Wutausbrüche machen die treuesten Freunde des Kommandanten fassungslos. Die Walze hat sich in Bewegung gesetzt.

Sie hat die alten Mitarbeiter ins Visier genommen.

Henri Jacquier, Cousteaus graue Eminenz, seit vielen Jahren sein Verwaltungsdirektor und Finanzberater, ist einer der ersten, den Francine aufs Korn nimmt. »Eine Angestellte der Équipe Cousteau führte einen Prozess gegen uns, den wir vor der Schiedsstelle des Arbeitsgerichts verloren haben«, erinnert er sich. »Ihre Akte war hieb- und stichfest. Ich wusste von Anfang an, dass wir keine Chance hatten, diesen Prozess zu gewinnen. Deshalb habe ich die Frist absichtlich verstreichen lassen, bis zu der wir bei der ersten Instanz gegen die Entscheidung hätten Einspruch einlegen können. Francine Cousteau hat mich einbestellt und mir das vorgeworfen, mit dem Argument, dass mein Nichtreagieren die Fondation Cousteau teuer zu stehen käme.« Francine strengt ein Verfahren wegen schweren Dienstvergehens gegen Henri Jacquier an. Man lässt ihn in der Versenkung verschwinden, und er wird nicht mehr an Entscheidungen beteiligt. Aber er rebelliert und nimmt sich einen Anwalt, was zur Folge hat, dass er noch stärker isoliert wird. Eines Tages kommt der Kommandant in sein Büro, um ein bisschen zu plaudern. Jacquier nutzt die Gelegenheit, spricht seine Situation an und bittet ihn um Hilfe. Aber das ist zwecklos, die Würfel sind schon gefallen. »Er hat mir den Arm um die Schultern gelegt und gemurmelt: ›Ich kann da gar nichts mehr tun. Wissen Sie, das macht sie‹, erinnert er sich.

Jean-Michel Cousteau ist als nächster an der Reihe. Auch er wird für den Machtwechsel bezahlen. Er und sein Vater waren immerhin ein erfolgreiches Tandem. Bei den Dreharbeiten verstanden Vater und Sohn sich bestens. Und sind sie sich nicht auch körperlich sehr ähnlich? Die Figur, die Nase, die Art zu sprechen. Bernard Deguy, der erste Kapitän der *Alcyone,* erinnert sich: »Ich hatte mehrere Einsätze zusammen mit dem Kommandanten und Jean-Michel. Zwischen den beiden gab es ein echtes Vertrauensverhältnis. Sie hatten Spaß zusammen und benahmen sich wie Lausbuben.« Nicht zuletzt wegen dieses kameradschaftlichen Verhältnisses zieht Cousteau seinen Sohn sehr früh ins Vertrauen. In einem Pariser Restaurant in der Avenue de Courcelles, in dem der Kommandant Stammgast ist, erzählt er ihm von seinem Verhältnis mit Francine. Jean-Michel ist völlig verblüfft, als er während der Mahlzeit erfährt, dass die Geliebte seines Vaters ein Kind erwartet. Es soll Diane heißen. Viel später wird JYC ihm anbieten, die Patenschaft für seinen Halbbruder Pierre-Yves zu übernehmen. Jean-Michel willigt natürlich ein. Wie könnte er der Ausstrahlung dieses Mannes widerstehen, dessen Genialität er bewundert und dessen Egoismus er zugleich verabscheut? Jahrelang taucht Jean-Michel als Co-Regisseur im Nachspann der Filme auf, die er im Auftrag seines Vaters dreht. Er sucht nach Produktionspartnern und findet sie auch. Über einen befreundeten Sänger, John Denver, kommt er in Kontakt mit Ted Turner, dem Ehemann von Jane Fonda und Gründer der CNN. Gemeinsam handeln sie einen fantastischen Vertrag für TV-Produktionen aus. Mit einem Gesamtbudget von 40 Millionen US-Dollar wird Turner ungefähr 10 Filme finanzieren, die von der Cousteau Society gedreht werden. Sehr viel später tritt er von der Zusage zurück. Seine Erklärung: »Diese Zusammenarbeit hat mir das letzte Hemd ausgezogen!« In dieser Zeit bleibt Jean-Michel am Ball. Er verdient sich seine Sporen mit großer Geduld, macht sich einen eigenen Namen beim amerikanischen Publikum, auch wenn ihm nicht verborgen geblieben ist, dass er in den Augen seines Vaters Philippe, den allzu früh verstorbenen Bruder, nicht ersetzen kann. Philippe, den Sohn, den Cousteau selbst zu seinem Nachfolger bestimmt hatte. Er hat es nicht leicht mit dem berühmten Mann.

Jean-Michel Cousteau zieht in die Führungsetage der Cousteau Society ein. Als er sich die Bilanzen genauer ansieht, erschrickt er heftig: Die Schulden der Gesellschaft belaufen sich auf 5 Millionen Dollar. So gut sein Vater als Filmemacher ist, so schlecht ist er als Geschäftsführer. Das Geld zerrinnt ihm zwischen den Fingern. Seine Verwalter und Finanzdirektoren raufen sich die Haare, warnen ihn ständig vor dem übersteigerten Budget, das er für seine Filme ausgibt.

Die *Calypso* ist ein Groschengrab.

Cousteau nimmt das gelassen. Ein ausgeglichener Haushalt ist das Letzte, worum er sich Sorgen macht. Aus einem ganz einfachen Grund: Er ist sich bewusst, dass sein Name ein »Sesam, öffne dich« ist. Welches Unternehmen, welcher Sponsor würde nicht gerne das eigene Logo neben dem Konterfei des berühmtesten Umweltschützers unseres Planeten sehen? Und obwohl Cousteau die gesamten Einkünfte aus den Autorenrechten an seinen Büchern seinen Gesellschaften überweist, verfügt er persönlich noch über erhebliche Einkünfte. Das Cousteau-Gagnan-Patent für das Druckventilsystem bringt ihm beachtliche Tantiemen ein. Gegen ein solides Jahreseinkommen hat er Aqualung International[28] übrigens die Nutzungsrechte an dem Markenlogo überlassen. Außerdem wird ihm ein Direktorengehalt vom Ozeanografischen Museum in Monaco gezahlt. Henri Jacquier erinnert sich: »Wenn die Kassen der Stiftung leer waren, beglich der Kommandant die monatlichen Ausgaben oft über sein Privatkonto.« Mit der Frage »Reicht das?« überreichte er ihm den Scheck.

Cousteaus Verhältnis zu Jean-Michel ist mal besser und mal schlechter, je nachdem, wie ihre gemeinsamen Unternehmungen

28 Die Gesellschaft ist spezialisiert auf den Vertrieb von Taucher-Lungenautomaten und wird zu 100% durch Air Liquide [weltweit führender Anbieter für technische und medizinische Gase; Anm. d. Übers.] finanziert. Bis zu seinem Lebensende schüttete sie Jacques Cousteau jedes Jahr 100 000 Dollar aus.

verlaufen. Vater und Sohn spielen das Spielchen »ich hab' dich nicht mehr lieb« und geraten in einer Reihe strategischer Entscheidungen mit großer Heftigkeit aneinander. Zwei Ereignisse haben schließlich ihre Trennung beschleunigt.

An erster Stelle steht das aufsehenerregende Scheitern des POC, des »Parc Océanografique Cousteau«. Die Anfangsidee ist fantastisch: Ein Meeresmuseum mitten in Paris, da, wo die ehemaligen Baltard-Pavillons standen, auf einem Gelände, das damals »das Markthallen-Loch« genannt wird. Jacques Chirac – damals Bürgermeister von Paris – ist begeistert. Er überlässt Cousteau für eine symbolische Jahresmiete von einigen Francs ein riesiges Terrain. Um die Finanzierung muss Cousteau sich selbst kümmern. Der Kommandant ist zu beschäftigt, um die Fortschritte auf der zukünftigen Riesenbaustelle in allen Einzelheiten zu verfolgen. Deshalb bittet er Jean-Michel, die Projektleitung zu übernehmen. Aber weil die Mittel fehlen, wird das anfängliche Konzept in einer Weise umgesetzt, die nur wenig Interesse wecken kann.

Die Besucher sind enttäuscht. Sie haben erwartet, dass sie in den Aquarien frei schwimmende Fische bewundern können. Stattdessen sehen sie Haie aus Pappmaschee und folgen einem komplizierten Parcours durch den Bauch eines künstlichen, 30 Meter langen Wals. Bei unerschwinglichen Eintrittspreisen und Kindern, die sich langweilen, ist der Misserfolg vorprogrammiert. Der »Parc Océanografique Cousteau« schreibt zu keinem Zeitpunkt schwarze Zahlen. Die unzufriedenen Anteilseigner weigern sich, noch einen weiteren Centime in diesen wirtschaftlichen Fehlschlag zu investieren. Zwischen dem Tag seiner feierlichen Eröffnung, dem 11. Juli 1989, und der Schließung des »Parc Océanografique Cousteau« im November 1992, vergehen nur drei Jahre.

Cousteau weigert sich, die geringste Verantwortung zu übernehmen. Kurzerhand beschuldigt er seinen Sohn Jean-Michel öffentlich der Inkompetenz. Schlimmer noch: In einem Interview mit dem *Nouvel Économiste* vom 20. März 1993 fällt ein Satz, der aus dem Mund eines Vaters eigentlich unvorstellbar ist: »Wenn ein Kind aus

Ihrem Sperma entstanden ist, bedeutet das noch lange nicht, dass es auch das Format hat, in Ihre Fußstapfen zu treten.« Sylvain Fage, der Direktor von Audiophase, erzählt: »Ich habe den Kommandanten die schlimmsten Dinge über seinen Sohn sagen hören. Die Situation zwischen den beiden war so angespannt, dass wir getrennte Aufnahmesitzungen planen mussten, damit sie sich nicht über den Weg liefen.« Auch Francine bleibt nichts schuldig. Sie hängt das Fiasko an die große Glocke und manipuliert ihren Mann, um ihren Stiefsohn abzudrängen. Jean-Michel, dieser versteckten Kämpfe müde, wird unter Druck gesetzt: Er soll seinen Rücktritt als Vizepräsident der Équipe Cousteau einreichen, die er dann auch tatsächlich 1993 verlässt. Francine löst ihn unmittelbar danach auf diesem Posten ab. Jean-Pierre Cousteau, der Neffe des Kommandanten, ist im Verwaltungsrat der Gesellschaft schließlich der letzte aus der ersten Familie von Cousteau. Er gibt moralische Rückendeckung, aber er schweigt. Nie greift er in die Geschäftsleitung ein. Diese Zurückhaltung täuscht aber nicht über das hinweg, was er wirklich denkt. Dieses ganze Ränkespiel mit dem Ziel, die Macht zu übernehmen, entrüstet ihn zutiefst. »Der Streit zwischen meinem Onkel und Jean-Michel«, sagt er, »beruht auf einem riesigen Missverständnis. Eine solche Situation war durch nichts zu rechtfertigen.«

Jean-Michel Cousteau kehrt in die USA zurück. Er stellt sich auf seine eigenen Füße, gründet eine Filmproduktionsfirma[29] in Santa Barbara, Kalifornien, wo er mit seiner Frau und seinen beiden Kindern lebt. Mit der Unterstützung von Investoren eröffnet er ein Hotel im Südpazifik, auf den Fidji-Inseln. Jean-Michel schafft einen paradiesischen Ort. Hier soll Tauchsport praktiziert werden, der sich einem strikten Unterwasser-Naturschutz verschreibt. Diese angewandte Ökologie hat jedoch ihren Preis für die Privilegierten, die sich einen Aufenthalt an diesem magischen Ort leisten können. Sie zahlen pro Übernachtung in einem Bungalow zwischen 480 und 1800 Dollar[30].

---

29 Jean-Michel Cousteau Production.

30 Diese Preise stehen im Oktober 2004 auf der Internetseite der Anlage.

Die Kunden stellen ihren Scheck auf den Namen Cousteau Fidji Islands Resort aus. Jean-Michel fällt aus allen Wolken, als er den Brief eines Rechtsanwalts öffnet, der die Cousteau Society vertritt. Er droht mit einem Prozess für den Fall, dass Jean-Michel Cousteau sein Hotel weiterhin unter dem Familiennamen betreiben sollte. Der Kommandant gibt offiziell bekannt, er sei gezwungen, so zu handeln.

> »Mein Sohn muss sämtliche geeignete Maßnahmen ergreifen und dafür sorgen, dass niemand auf die Idee kommt, die Cousteau-Gesellschaften oder ich selbst seien in irgendeiner Weise an seinen Aktivitäten beteiligt.«[31]

Das ist sicherlich erstaunlich, aber vor allen Dingen hinterhältig, wenn man bedenkt, dass Cousteau selbst sein ganzes Leben lang nie streng getrennt hat zwischen dem Umweltschutz, für den er sich an der Spitze seiner Gesellschaften stark gemacht hat, der Vermarktung seines Logos und der Produktwerbung, mit der er beachtliche Tantiemen eingestrichen hat.

Jean-Michel ist tief verletzt durch diesen Prozess. Es ist das erste Mal, dass er vor Gericht geladen wird, und noch dazu will ihm sein eigener Vater die Verwendung des Familiennamens verbieten. Das ist einfach unglaublich und passt kaum zu der Philosophie, die ihr bisheriges Verhältnis geprägt hat. »Nach dem Tod meiner Mutter«, sagt er, »hat sich die Persönlichkeit meines Vaters mehr und mehr verändert[32]. Seine Inspiration hat ihn verlassen. Er hatte keine Projekte mehr, er hat keine Filme mehr gedreht, er hat zugelassen, dass sich Dritte in seine Angelegenheiten einmischten. Mein Vater hatte mir immer gesagt, dass man Konflikte unter vier Augen löst, ohne Rechtsanwälte oder Gerichte. Es ist ganz offensichtlich, dass er manipuliert wurde.« Manipuliert von wem?

---

31 Am lukrativen Aspekt seiner Unternehmungen, versteht sich.

32 Das sind die Worte, die Jean-Michel Cousteau in einem Interview benutzt, das er am 9. April 2004 bei Radio Monte Carlo gibt.

Auch wenn er aus persönlichen Gründen oder um ein juristisches Nachspiel zu vermeiden, ihren Namen nicht ausspricht, so spielt Jean-Michel doch unmissverständlich auf seine Stiefmutter Francine an. Jeder weiß, dass ein guter Vergleich besser ist als ein schlechter Prozess. Nach langen Verhandlungen über die Anwälte unterzeichnen Vater und Sohn eine verrückte Vereinbarung, die besagt, dass Jean-Michel weiterhin seinen Familiennamen verwenden darf, wenn davor sein Vorname steht, und zwar »in Druckbuchstaben derselben Größe, desselben Typs und derselben Farbe«, damit auch niemand den berühmten Kommandanten und seinen Sohn verwechseln kann. Bemitleidenswert, aber auch bezeichnend für eine Tendenz innerhalb der Équipe Cousteau, von dem Augenblick an, als die zweite Frau des Kommandanten das Steuer in die Hand nimmt: systematisch werden die größten französischen und amerikanischen Anwaltskanzleien für Wirtschaftsrecht beauftragt. Mahnbescheide und die Androhung von Prozessen werden bei den harmlosesten Anlässen verschickt, die Beziehung zur Welt draußen geht den Weg durch einen juristischen Filter. All das hat seinen Preis. Allein für das Jahr 2002[33] präsentiert die Cousteau Society, der Francine als Präsidentin vorsteht, dem amerikanischen Finanzamt ein Budget von 747 000 Dollar (ungefähr 650 000 Euro) allein für die Honorare zweier amerikanischer Anwaltskanzleien, die im Namen der Gesellschaft Prozesse in den USA und Frankreich geführt haben. Eine unglaubliche Summe für eine gemeinnützige Organisation, deren Statuten besagen, dass sie sich den Umweltbelangen unseres Planeten verschreibt. Spender und Mitglieder, die in den Zeitschriften *Calypso Log* in Frankreich und *Dolphin Log* in den USA inständig gebeten werden, die Restaurierung der *Calypso*[34] oder den Bau der *Calypso II* zu unterstützen, wären sicherlich überrascht, wenn sie erführen, wofür ihre Beitragszahlungen verwendet wurden.

33 Die Steuererklärung der Cousteau Society kann man in den USA einsehen.

34 Die *Calypso* liegt seit sechs Jahren verlassen im Hafen von La Rochelle. Siehe Kapitel 9.

Francine setzt ihren Aufstieg innerhalb der Équipe Cousteau fort und wird 1994 Generaldirektorin. Denen, die sich fragen, ob ihre Schultern stark genug seien, um eine solche Aufgabe zu tragen, antwortet sie mit einem Verweis auf ihre frühere Stellung als Stewardess: »Ich habe das Management bei Air France gelernt. Da hatte ich etliches Flugpersonal unter mir, und die Logistik von offiziellen Reisen fiel ebenfalls in meine Zuständigkeit.«[35] .Ein früherer Mitarbeiter der Équipe Cousteau, der inzwischen entlassen wurde, winkt ab: »Wovon reden wir hier? Bildet Air France seine Stewardessen und ersten Flugbegleiter zu Unternehmensdirektoren aus? Francine Cousteaus Beziehungen zu ihren Partnern, sei es innerhalb oder außerhalb der Organisation, reduziert sich auf ein Machtverhältnis. Alle, mit denen sie verhandelt, werden zu Feinden. Sie denkt allen Ernstes, dass der Name, den sie trägt, ihr jede Form von Launen und Ausbrüchen erlaubt.« Schnell entlässt Francine Cousteau etwa zehn langjährige Mitarbeiter. Auch hier erklärt sie: »Unsere Teams waren für unsere finanziellen Mittel, die seit 1993 kontinuierlich zurückgegangen sind, viel zu aufgeblasen. Wir konnten nicht mit fünfzig Leuten hier und mit etwa hundert Leuten in den USA weitermachen.«[36] In dieser Aussage steckt viel Wahrheit. Die Zahl der Mitglieder sinkt kontinuierlich, die Einkünfte ebenso. Das hindert Francine Cousteau nicht daran, den historischen Standort der Stiftung, die Villa Wagram, die zwei Schritte von der Place des Ternes entfernt liegt, aufzugeben und in ein Stadtpalais mit 1800 m^2 in der Rue de l'Amiral d'Estaing im 16. Pariser Arrondissement umzuziehen. Monatliche Mietkosten: mehr als 200 000 Francs (30 000 Euro). Böse Zungen tuscheln, es sei doch erstaunlich, dass ein gemeinnütziger Verein in einer Zeit, in der Personal abgebaut wird, an einer so namhaften Adresse auf einer solchen Bürofläche residiert. Darauf antwortet Francine Cousteau: »Der Eigentümer hat alles renoviert, und ich habe aus meiner eigenen Tasche das elektronische Überwachungssystem und das Mobi-

35 Aus dem Interview zitiert das Wochenmagazin *Le Point* in seiner Ausgabe vom 19. Juli 1997.

36 *Le Point*, 19. Juli 1997.

liar im Büro des Kommandanten bezahlt.«[37] Gleichzeitig vervielfacht sie die Ankündigungen einer Reihe von Projekten. Berühmte Persönlichkeiten sollen sich der Équipe Cousteau anschließen und mit ihrem Ansehen neue begeisterungsfähige Mitglieder werben. Die Namen von Michel Serres, einem japanischen Nobelpreisträger und sogar Jacques Attali werden genannt. Sein Zwillingsbruder, Bernard Attali, war Präsident von Air France in der Zeit, als Francine Triplet dort für die Planung offizieller Reisen zuständig war.

Am 21. Oktober 2004 bekomme ich einen Telefontermin mit Jacques Attali. Ich nutze das Gespräch für die Frage, ob die Équipe Cousteau Kontakt zu ihm aufgenommen hat, um ihn zu einem Beitritt zu überreden. »Dazu muss ich Ihnen sagen«, antwortet er, »dass ich den Kommandanten sehr gut kannte und zu den engeren Freunden von Francine zähle. Meine Kinder sind die besten Freunde von Diane und Pierre-Yves Cousteau. Ich höre, was sie mir sagen und ich glaube ihnen, wenn sie meinen, dass das Erbe ihres Vaters bei ihr in guten Händen ist. Mir scheint«, ergänzt er, »dass Francine das ihr Mögliche tut, um das Lebenswerk ihres Mannes fortzuführen.« Ich frage ihn, ob ich schreiben darf, dass er trotz Francines Ankündigungen der Équipe Cousteau nicht beitreten wollte. »Ach! Es hängt ganz davon ab, wie sie die Dinge darstellen. Schreiben Sie bitte nicht, ich hätte mich deshalb geweigert dabei zu sein, weil ich mit ihrem Kurs nicht einverstanden bin.« Was ich hiermit tue. Dann fügt er hinzu: »Ich werde mich mit Francine treffen und ihr von unserer Unterhaltung im Wortlaut berichten.« Weder Attali noch einer der anderen VIPs treten dem Verein bei. Dessen Finanzen schrumpfen von Tag zu Tag.

Francine Cousteau sieht sich mit einer Krisensituation konfrontiert: Der Bestand der Filme[38], die ihr Mann gedreht hat, wächst nicht mehr durch frische Produktionen. Er schrumpft also zwangsläufig. Die Expeditionen werden immer seltener. Weil es keinen Produzen-

---

37 Ibid.

38 Dieser verzeichnet 111 Filme.

ten gibt, dreht die Équipe Cousteau keine Filme mehr. Wie könnten sie auch einen ähnlich geeigneten Geldgeber wie Ted Turner für sich interessieren, der bereit wäre, 1 Million Dollar in einen einzigen Film[39] zu stecken? Jene glücklichen Zeiten – die mehr einem Mäzenatentum ähnelten als vernünftigen Investitionen – sind vorbei. Das französische Fernsehen, das von höchster staatlicher Ebene ersucht wird, dem großen Mann zu Hilfe zu kommen, trägt sein Scherflein bei. 1987 wird der Bestand von Cousteaus Filmen ein weiteres Mal verkauft. Der Vertrag, der mit France 2 geschlossen wird, nennt einen unglaublichen Betrag (man spricht von 70 Millionen Franc), und verschafft der Équipe Cousteau wieder Luft zum Atmen. Allerdings nicht für lange. Der Handlungsspielraum wird im Laufe der Monate immer enger.

1990 kauft die Banque Worms[40] ihrerseits den Bestand der Cousteau-Filme. Sechs Jahre später verkauft sie die Rechte wieder an Europe-Images, die audiovisuelle Tochterfirma von Hachette. Diese ist allerdings nur an der Ausstrahlung der Filme interessiert, nicht aber an einer Produktion. Francine besteht auf der absoluten Kontrolle der Nutzung des erneut verkauften Bestandes. Eine der Verantwortlichen bei Europe-Image, die nicht genannt werden möchte, wird mir gegenüber zugeben, dass sie sehr strenge Anweisungen von Seiten der zweiten Frau des Kommandanten erhalten hat. »Francine Cousteau hat uns untersagt, Bilder an Sendungen zu verkaufen, an denen Jean-Michel Cousteau beteiligt ist«, sagt sie. »Das hat sie uns schriftlich mitgeteilt.« Aber wie soll an den legendären Kommandanten erinnert werden, ohne dass auch sein Sohn genannt wird, ohne Filmausschnitte zu zeigen, in denen man sieht, wie sie zusammen arbeiten und offensichtlich gemeinsam Spaß haben? Entspricht diese Haltung nicht einer verzerrten Darstellung der Vergangen-

---

39 Der Preis, über den ein Produzent heutzutage mit den französischen Fernsehsendern für einen 52-Minüter bestenfalls verhandelt, liegt um die 70 000 Euro. Darin sind die Abgabe an die CNC (Centre national de la cinématographie - Nationales Zentrum für Kinokunst) schon enthalten.

40 Über die zwei Tochterfirmen Amaya Films und Amaya Distribution.

heit des Kommandanten? Autoren von Fernsehdokumentationen, die die Cousteau-Saga Revue passieren lassen wollen, müssen sich angesichts dieser Probleme durch die Hintertür Zutritt zu Material verschaffen, d. h. es in Privatarchiven suchen, an denen Francine Cousteau keine Rechte hat. So der Kommentar eines Produzenten, der einen 52 Minuten langen Beitrag für die BBC realisieren wollte. Im Dezember 1996 brechen die Budgets der Gesellschaften von JYC weiter ein. Es muss Abhilfe geschaffen werden. Trotz seines hohen Alters wird Jacques-Yves Cousteau bei der Jagd nach Sponsoren eingespannt. Er müht sich ab, um Finanzpartner zu finden und steigt in das Flugzeug mit Kurs auf die USA.

Er weiß nicht, dass diese Reise in seine zweite Heimat auch die letzte seines langen Lebens sein sollte.

KAPITEL 5

Das Testament

Paris, an einem Januarmorgen 1997. Unmittelbar nach dem Aufwachen hat Kommandant Cousteau starke Kopfschmerzen. Sein Neffe Jean-Pierre Cousteau, ein Herzspezialist, wird verständigt. Er lässt seinen Onkel als Notfall ins amerikanische Krankenhaus von Neuilly einliefern. Durch gründliche Untersuchungen können die Ärzte eine Hirnhautentzündung diagnostizieren. Während der sechs Monate, die auf diesen Zwischenfall folgen, ist Jean-Pierre einer der behandelnden Ärzte. Er begleitet Cousteau bis zum Ende seines langen Todeskampfes. Auf seine einfühlsame Art wird er so dem Mann danken, der ihn teilweise aufgezogen hat.

Jean-Pierre ist der Sohn von Pierre-Antoine Cousteau, dem verachteten Bruder von JYC. Während des Zweiten Weltkrieges arbeitete Pierre-Antoine mit den deutschen Besatzern zusammen. Er löste Robert Brasillach als Chefredakteur von *Je suis partout*[41] ab. Der Wind der Geschichte drehte sich. Pierre-Antoine hatte sich für die falsche Seite entschieden: Nach der Befreiung Frankreichs wird er zum Tode verurteilt. Cousteau lässt nicht locker. Er interveniert immer wieder, auf verschiedenen Wegen. In Uniform erscheint er vor einem Gericht, um zugunsten seines Bruders auszusagen. Seine Hartnäkkigkeit macht sich bezahlt. Pierre-Antoine wird von Vincent Auriol, dem ersten Präsidenten der 4. Republik begnadigt. Das ursprüngliche Urteil wird in lebenslängliche Haft umgewandelt. Eine tödliche Krebserkrankung macht seinem Leben nach 11 Jahren Haft ein vorzeitiges Ende. Sein Sohn und seine Tochter werden von ihrer Mutter getrennt und für fünf Jahre in ein Internat nach England geschickt, da die Schulen der französischen Republik den Kindern von Kollaborateuren den Schulbesuch verweigern. Jean-Pierre Cousteau hat an diese unruhigen Zeiten nur bittere Erinnerungen. »Meine Kindheit war alles andere als wunderbar. Es war die schlimmste Zeit meines Lebens.« Im Alter von zwölf Jahren kommt er zurück nach Frankreich. Seine Mutter stirbt zwei Jahre später, aber Jean-Pierre ist nicht auf sich allein gestellt. JYC und Simone, die damals in Sanary, in der Nähe von Toulon leben, holen ihn zu sich und nehmen den Jungen neben Jean-Michel und Philippe, ihren eigenen Söhnen, wie einen dritten Sohn auf. Damals lässt sich der Fregattenkapitän Jacques-Yves Cousteau noch in französischer Marineuniform fotografieren. Auf den alten Familienbildern aus dieser Zeit – noch in Sepia – steht Jean-Pierre nicht abseits, er gehört dazu. Simone, die noch nicht *La Bergère* ist, nimmt diesen dritten Sohn ohne Vorbehalte auf. Sie schenkt ihm alle Aufmerksamkeit und Liebe, die sie geben kann. Auch wenn sie ihm eines Tages mit leiser Stimme sagt, dass niemand seine Mutter ersetzen kann. Jean-Pierre weiß diese außerordentliche Feinfühligkeit zu schätzen.

Fünfzig Jahre später ist aus ihm ein angesehener Kardiologe geworden. Seine runden schildpattgerahmten Brillengläser unterstreichen die markanten Züge seines Gesichts. Man könnte meinen, er sei Archivbildern aus dem Zweiten Weltkrieg entstiegen. Seinem Vater,

---

41 »Ich bin überall« – faschistische und antisemitische Wochenzeitung, deren Herausgeber und Chefredakteur von 1937-1943 Robert Brasillach war. Ihm wird nach dem Krieg der Prozess gemacht; 1945 wird er hingerichtet. [Anm. d. Übers.].

an den er sich kaum erinnern kann, sieht er verblüffend ähnlich. Jean-Pierre Cousteau empfängt mich in seiner Praxis in der Rue de la Pompe. Jedes Gemälde, jedes Buch, jede Kostbarkeit beweist seinen hervorragenden Geschmack. Schon zu Beginn unseres Gesprächs unterrichtet er mich in aller Offenheit: »Ich muss Ihnen gleich sagen, dass ich nicht zu denen gehöre, die hinter Francine Cousteau stehen.« Im gnadenlosen Krieg, in dem sich alte und neue Familie nach dem Tod seines Onkels gegenüberstanden, hat er häufig versucht, die Vermittlerrolle zu übernehmen und bei der Überwindung der Gegensätze zu helfen. Ohne großen Erfolg. Jean-Pierre hält die Erinnerung an sein besonderes Verhältnis zu *La Bergère* und die grenzenlose Bewunderung für seinen Onkel in Ehren. Er wird genauer: »Trotz unseres Altersunterschiedes war ich vermutlich Cousteaus bester Freund. Ich kannte ihn in- und auswendig. Ich habe ihn immer medizinisch betreut, und wir standen uns in unserem Denken sehr nahe.«

Im amerikanischen Krankenhaus von Neuilly macht sich Jean-Pierre Cousteau große Sorgen darüber, wie schnell sich der Zustand seines Onkels verschlechtert. Zunächst wird ihm eine Infusion gelegt, danach schließt man ihn an ein Beatmungsgerät an. »Er wurde immer schwächer. Die vitalen Körperfunktionen wurden eine nach der anderen schlechter. Seine Lungen, seine Nieren, sein Herz. Eigentlich waren wir nur noch Zuschauer«, erklärt er mir.

> »Wir haben mit allen Mitteln, die uns die moderne Medizin zu bieten hatte, um sein Leben gekämpft.«

Cousteau bleibt vier Monate auf der Intensivstation. Jean-Pierre besucht ihn dreimal pro Woche. Nach seiner Erinnerung kann sich der Kommandant schon im ersten Monat nicht mehr bewegen. Er ist aber bei Bewusstsein und die behandelnden Ärzte und Pfleger können noch mit ihm kommunizieren. Im zweiten Monat verschlimmert sich die Situation. Den Ärzten zufolge, die ihn am Leben halten, ist Cousteau nur noch gelegentlich für wenige Augenblicke bei Bewusstsein. Jeder gewonnene Tag ist ein Sieg über den Tod. Dann, am Ende des vierten Monats, als sein Zustand schlechter wird, fällt die Entscheidung, ihn ins Krankenhaus Beaujon, auf die Intensivstation von Professor Gourgon zu verlegen. Heißt das nicht, dass man versucht hat, sein Leben mit allen Mitteln künstlich zu verlängern? Jean-Pierre Cousteau lehnt diese Darstellung ab. »Sie können sich sicher denken, dass wir zahlreiche Gespräche mit Professor Gourgon über dieses Thema geführt haben«, sagt er mir. »Sollten wir das Beatmungsgerät abstellen oder nicht? Hatten wir noch eine Chance, ihn zu retten? Gourgon hat immer daran geglaubt. Ich teilte seine Meinung, weil ich wusste, dass mein Onkel nicht sterben wollte. Ich hatte den Eindruck, dass er geistig immer noch sehr rege war, trotz seiner siebenundachtzig Jahre. Bis zu diesem Zeitpunkt hatte er immer mit Blick auf die Zukunft gelebt, und auch für die anderen war seine Energie spürbar. Ich kann sagen, dass wir mit vollem Einsatz für ihn gekämpft haben.«

Seitdem ihr Mann ins Krankenhaus eingeliefert wurde, hat Francine Cousteau die völlige Kontrolle über die Situation übernommen. Einer ihrer Anwälte ruft Jean-Pierre Cousteau an und verlangt von ihm unter Hinweis auf seine ärztliche Schweigepflicht absolutes Stillschweigen über den Gesundheitszustand seines Onkels. Jean-Pierre Cousteau ist schockiert über den Ton dieses Gesprächs und kontert seinem Gegenüber, dass man ihn als Professor der Medizin darüber nicht belehren müsse. Dann legt er auf. Am nächsten Tag bekommt er von Francine das Gespräch im Wortlaut noch einmal per Fax zugeschickt:

Zu niemandem ein Sterbenswörtchen!

Zu diesem Zeitpunkt müssen die Verantwortlichen der Intensivstation von Professor Gourgon sämtliche Besuche für den Kommandanten überwachen. Jean-Pierre informiert Jean-Michel und dieser nimmt dennoch das erste Flugzeug von Los Angeles nach Paris. »Ich bin umsonst gekommen«, erzählt mir Jean-Michel. »Ich hatte keinen Zutritt zum Krankenzimmer meines Vaters. Nur meine Tochter konnte ihren Großvater einige Minuten lang sehen, aber erst viel später. Er wurde systematisch abgeschirmt. Selbst Albert Falco wurde es verwehrt, den Kommandanten ein letztes Mal zu sehen. Können Sie ermessen, was ich da sage? Ich spreche von Bébert, der sein ganzes Leben in den Dienst meines Vaters gestellt hat.« Anne-Marie Roth, die engste Mitarbeiterin des Kommandanten, wird ebenfalls auf Abstand gehalten. Sie erinnert sich, dass die Ehemaligen sich gegenseitig anriefen, um festzustellen, ob sie auf der berühmten schwarzen Liste standen oder nicht. Jean-Pierre Cousteau bestätigt, dass Francine in dieser Zeit die Ereignisse auf ihre Weise darstellt. Er ist bei einem Treffen des Verwaltungsrats der Équipe Cousteau dabei, bei dem sie Neuigkeiten von ihrem Mann berichtet und erzählt, sie komme von ihm aus dem Krankenhaus und er habe in bester Verfassung in seinem Zimmer gerade noch eine Tasse Kaffee getrunken. Diese Behauptungen werden ungeprüft von einer Presseagentur übernommen. Trotzdem sind sie einfach falsch.

Jean-Pierre ist außer sich über diese Darstellungen. Er tritt von seinem Verwaltungsratsposten bei der Équipe Cousteau zurück. »Ich war durch meine berufliche Schweigepflicht gebunden. Daher habe ich in diesem Augenblick nichts gesagt, aber innerlich habe ich gekocht«, erinnert er sich. »Ich kannte die Wahrheit: Zu dem Zeitpunkt stand das Urteil über meinen Onkel schon fest.«

Schließlich trifft Jean-Michel Vorkehrungen, um das Verbot seiner Stiefmutter zu umgehen. Er profitiert von dem geheimen Einverständnis der Ärzteschaft und gelangt doch in das Zimmer seines Vaters. Es ist ihre letzte Begegnung. .Der Kommandant ist in einem jämmerlichen Zustand: Er war schon von Natur aus hager, jetzt aber ist er praktisch nur noch Haut und Knochen. Jean-Michel ist bestürzt über die blauen Flecken auf seiner Haut und die vielen Schläuche, über die dieser arme Körper unterstützt und ernährt wird. Er sitzt am Bett seines Vaters, hält seine Hand und versucht, mit dem ehemals so wortgewandten Mann zu sprechen, der jetzt nicht mehr in der Lage ist, auch nur ein einziges Wort zu sagen. Als Antwort muss ihm ein Augenblinzeln oder ein schwacher Händedruck seines Vaters reichen. »Nachdem ich ihn in diesem erbärmlichen Zustand zurückgelassen hatte«, schreibt er[42], »wollte ich dem Arzt danken, der mir die Erlaubnis gegeben hatte, meinen Vater noch ein letztes Mal zu sehen. Er war am Telefon. Ich blieb also auf der Schwelle zu seinem Büro stehen und konnte von dort aus dem Telefon eine Stimme schreien hören: ›Dazu hatten Sie keine Erlaubnis von mir. Meine Anweisungen sind genau einzuhalten‹«

Der weißhaarige Arzt gehörte zu dem Kollegium, das sich um den nicht alltäglichen Patienten gekümmert hat. Inzwischen ist er in Pension. Er möchte zwar nicht persönlich genannt werden, legt aber Wert darauf, dass das, was er mir zu sagen hat, ganz unparteiisch ist. Wir wollen ihn L. T. nennen[43]. »Das stimmt«, bestätigt er mir, »Jean-Michel konnte seinen Vater sehen. Wir haben diesen Besuch ermöglicht. Das war zwei oder drei Tage bevor der Kommandant endgültig von der Intensivstation nach Hause entlassen wurde, um dort zu sterben.« Ich frage L.T., ob man von ihm verlangt hat, den Zutritt zum Krankenzimmer des Kommandanten auf bestimmte Personen zu beschränken. Es ist ihm offensichtlich unangenehm. »Sehen Sie«, antwortet er, »in einer Intensivstation ist der Zugang zu den Kranken eingeschränkt. Die Besucher müssen sich besondere Kleidung anziehen und sterilen Mundschutz tragen. Das ist eine aufwendige Prozedur. Auf jeden Fall hatte mich Jean-Pierre Cousteau vorgewarnt. Wir wussten, dass die Familiensituation seines Onkels nicht einfach war, und es wunderte mich nicht, dass da auch Druck ausgeübt wurde.« Druck auf wen? Darüber möchte er sich nicht weiter äußern. L.T. bestätigt mir, dass die Krankheit von Kommandant Cousteau nicht heilbar war. Sein Gesundheitszustand war außerordentlich schlecht. »Stellen Sie sich einen Menschen vor, der sechs Monate Intensivstation und die damit verbundene Behandlung hinter sich hat«, bemerkt er. »Glauben Sie, dass er dann noch derselbe ist wie sechs Monate vorher?« Und als würde er das eben

42 *Mon père le commandant*, op. cit., S. 335.

43 Die Initialen seines Namens und Vornamens wurden geändert, um die Anonymität sicherzustellen.

Gesagte bereuen, fügt er hinzu: «Cousteau war enorm geschwächt, aber er war bei vollem Bewusstsein und noch in der Lage, seinen Willen mitzuteilen.« Eine schwer verständliche Aussage. Wie war denn nun genau sein Bewusstseinszustand? »Er war bei Bewusstsein, fast bis zum Ende«, antwortet er mir, »auch wenn ein Schwerkranker, der beatmet wird, sich nicht mehr äußern kann.« Das verstehe, wer kann. Und schließlich teilt er mir mit gesenkter Stimme noch eine Überlegung mit, die wie ein Bekenntnis klingt: »Sie können sich vorstellen, dass es mir sehr schwergefallen ist, diese Monate in dieser Atmosphäre durchzuhalten. Aber der Zank und Streit in der Familie hatte zu keinem Zeitpunkt einen negativen Einfluss auf die Qualität der medizinischen Betreuung von Kommandant Cousteau.«

Am 18. Juni 1997, also sieben Tage vor seinem Tod und in dem soeben beschriebenen Gesundheitszustand, diktiert Jacques-Yves Cousteau – mit Luftröhrenschnitt und künstlicher Beatmung – ein Testament. Die Urkunde wurde von Rechtsanwalt Jean-Louis Nénert beglaubigt, einem Notar aus Paris. Er hat seine Kanzlei in der Avenue Hoche, im 8. Arrondissement. Der Kommandant bestimmt zunächst Francine Cousteau zu seiner Universalerbin. Diese Erklärung an erster Stelle ist die Wiederholung einer Verfügung in einem früheren, handschriftlichen Testament vom Januar 1994. Hier hatte JYC diese Verfügung für seine zweite Frau auch schon getroffen. Das Originaldokument, das ich eingesehen habe, geht folgendermaßen weiter:

> »Außerdem setze ich meine Frau Francine Triplet als
> Testamentsvollstreckerin ein. Folglich obliegt ihr
> die moralische Zuständigkeit für mein gesamtes Lebenswerk.«

Und ein paar Zeilen weiter unten: »Ich vermache ihr außerdem die Gesamtheit meiner Manuskripte, Bücher, Papiere und persönlichen Notizen, alles, sogar im Falle ihrer Wiederverheiratung.« Sogar im Falle ihrer Wiederverheiratung? Sollte sich der Kommandant wirklich über diesen besonderen Punkt Gedanken gemacht haben, wo er doch jeden Tag mit dem Tod kämpfte?

Die Atmosphäre beim Gespräch mit Jean-Pierre Cousteau ist zunehmend geladen. Ich kann ihm die unangenehme Frage, die mich schon seit einigen Minuten beschäftigt, nicht ersparen. Glaubt er, dass der Gesundheitszustand und die mentalen Fähigkeiten seines Onkels Jacques-Yves Cousteau ihm erlaubten, dieses Testament zu diktieren, acht Tage vor seinem Tod? Jean-Pierre blickt mich lange an, als wollte er die Antwort für sich behalten. Er erinnert an die Affäre um Doktor Claude Gubler, einen Fachkollegen, der François Mitterand bis zu dessen Tod begleitet hat und der diese Begebenheit in einem berühmten Buch beschreibt, das in Frankreich eine Zeitlang verboten war[44]. Er wirkt sehr angespannt. Er sitzt hinter seinem Schreibtisch, atmet tief ein, breitet die Arme aus, schüttelt den Kopf und sagt mir mit gesenkter Stimme: »Natürlich nicht, er war nicht bei Bewusstsein. Seit er im Krankenhaus von Beaujon lag, ging es ihm immer schlechter. Was soll ich Ihnen sagen?« Dann fügt er hinzu, als täte es ihm leid, was er gerade gesagt hatte: »Vielleicht hatte er ja einige helle Augenblicke, in denen er bei Bewusstsein war.« Diese Version wird mir eine Pflegerin bestätigen, die zu dieser Zeit im Team der Intensivstation von Professor Gourgon mitgearbeitet hat. Die etwa vierzigjährige Frau hatte täglich Kontakt mit Kommandant Cousteau. Ich bemühe mich hartnäckig um ein Treffen mit ihr. Sie ist einverstanden, unter der Bedingung, dass ihre Identität nicht bekannt wird. Ihre Worte bestätigen die Aussagen von Jean-Pierre Cousteau voll und ganz.

> »Kommandant Cousteau? Er war nicht mehr in der Lage, irgendetwas zu bestätigen oder für ungültig zu erklären«,

---

vertraut sie mir an. »Wir haben ihn am Leben gehalten. Die medizinischen Maßnahmen waren umfassend. Sein Zustand hat sich während des zweimonatigen Krankenhausaufenthaltes in Beaujon

---

44 Nach dem Tod von François Mitterand sorgt das Buch seines Leibarztes, »Le grand secrèt« (»Das große Geheimnis«), in dem er ausführlich über die lange Krebserkrankung des Präsidenten berichtet, für Schlagzeilen. [Anm. d. Übers.]

kontinuierlich verschlechtert. Ich persönlich habe nie ein einziges Wort mit ihm gewechselt.« Wir wollen im Testament vom 18. Juni 1997 noch ein Stückchen weiterlesen. Auf der Urkunde sind die Namen der beiden Zeugen zu lesen. Zunächst, falsch geschrieben, der von Bernard Carcovet, denn es handelt sich um Bernard Carcouet. Er wird als Verwaltungs- und Finanzdirektor bezeichnet. Der zweite Zeuge heißt Gabriel Nawawi. Er ist von Beruf Wirtschaftsprüfer. Sehen wir uns die berufliche Situation dieser beiden Männer zu dem Zeitpunkt, als das Testament aufgesetzt wurde, etwas näher an. Bernard Carcouet ist tatsächlich Verwaltungsdirektor, allerdings bei der Équipe Cousteau. Und Gabriel Nawawi ist Präsident von Fidcinter, einem großen Wirtschaftsprüfungsbüro in Paris. In dieser Eigenschaft ist er Rechnungsprüfer bei der Équipe Cousteau. Die beiden Zeugen des Testaments stehen also in enger Beziehung zu Francine Cousteau. Der eine, Bernard Carcouet, ist ihr Angestellter. Gabriel Nawawi steht in geschäftlicher Beziehung zu Francine: Jedes Jahr beglaubigt er gegen Honorar die Bilanzen für ihre Gesellschaft.

Vor der Unterschrift der Zeugen gibt der letzte Absatz der Urkunde noch folgenden Hinweis: »[...] Da der Erblasser [also Jacques-Yves Cousteau] selbst aufgrund seines Gesundheitszustandes nicht mehr in der Lage ist zu unterschreiben, haben lediglich die Zeugen und der Notar unterzeichnet.« Zusammenfassend lässt sich also festhalten, dass Kommandant Cousteau acht Tage vor seinem Ableben und unter intensivmedizinischer Betreuung ein Testament »diktiert« hat, das er nicht mehr unterschreiben konnte.

Mit dem Tod des Kommandanten beginnt eine neue Ära. Von heute auf morgen bricht Francine alle Brücken zur ersten Familie ihres Mannes ab, die Kinder von Jean-Pierre Cousteau nicht ausgenommen. .»Seit dem Tod der Bergère«, erinnert er sich »hatte sich eine enge Beziehung zwischen meiner Familie und der meines Onkels entwickelt. Es gab zahlreiche gemeinsame Essen und Familienfeiern. Er machte wirklich den Eindruck, als sei er mit Francine sehr glücklich, und ich muss sagen, dass ihr Verhalten ihm gegenüber vorbildlich war. Unsere

Kinder hatten sich angefreundet.« Am Tag nach dem Tod von JYC und an den darauffolgenden Tagen versuchen die Töchter von Jean-Pierre Cousteau, Diane, ihre Cousine, telefonisch zu erreichen. Wiederholt teilt man ihnen mit, sie sei nicht zu sprechen. Zuletzt schreiben sie noch einen Brief, der nicht beantwortet wird, dann geben sie auf. Sie sollten die Tochter von Francine und JYC nie wiedersehen. »Ich persönlich«, vertraut Jean-Pierre Cousteau mir an »betrachte diesen totalen Bruch als Verrat am Andenken meines Onkels.

> In diesem Punkt war sein Wille eindeutig:
> Seinen Kinder sollte die enge Verbindung
> innerhalb der Familie nicht vorenthalten werden.
> Sie sind es, um die ich mir in diesem ganzen
> Durcheinander Gedanken mache.«

Ein weiteres Ereignis wird den Streit zwischen Francine und der ersten Familie des Kommandanten verschärfen. Fünf Tage nach seinem Tod erscheint Cousteaus Vermächtnis in Buchform, *Der Mensch, die Orchidee und der Oktopus*[45]. JYC hat es nicht selbst geschrieben, wie fast alle Bücher, die unter seinem Namen veröffentlicht wurden und die sich in Millionenauflagen auf der ganzen Welt verkauft haben. Der wahre Autor ist eine Amerikanerin, Susan Schiefelbein. Sie ist Journalistin und Schriftstellerin und hat zahlreiche Artikel zu Themen aus Wissenschaft, Medizin und Kultur veröffentlicht. Sie ist eine alte Mitstreiterin des Kommandanten, seine *Ghostwriterin*. Mehrere Kolumnen, unter die Cousteau seinen Namen setzte, stammen von ihr. Susan hat auch bei den Drehbüchern von drei Filmen mitgewirkt, die von der Cousteau Society produziert wurden. Seit 1980 trifft sie sich regelmäßig mit Cousteau, um mit ihm an einem Buch zu arbeiten, in dem es um die Themen geht, die ihm am Herzen liegen. Kein Buch, das von seinen Expeditionen berichtet, sondern vielmehr ein Warnruf, angesiedelt zwischen persönlichen

---

45 Paris, Robert Laffon/Plon, 1997. Die deutsche Übersetzung erschien erst 2008 im Campus Verlag. [Anm. d. Übers.]

Erinnerungen und philosophischen Reflexionen. *Der Mensch, die Orchidee und der Oktupus* prangert die Überfischung der Ozeane durch den industriellen Fischfang an, die zivile und militärische Atomindustrie, die Zerstörung der Ozonschicht und die Abholzung der Tropenwälder.

Der Verlag Robert Laffon hat ein gutes Geschäft gewittert. Charles Ronsac[46] schreibt übrigens fünf Tage vor dem Tod des Kommandanten, am 20. Juni 1997: »Wie dem auch sei, es gibt keine guten Neuigkeiten. Nach Auskunft von Francine – die recht lapidar ausgefallen ist – sind wir zu dem Schluss gekommen, dass Cousteau weder physisch noch intellektuell in der Lage ist, noch an seinem Text zu arbeiten, sei es auf Französisch oder auf Englisch.« Das ist eine unbestreitbare Tatsache, die von sämtlichen Ärzten und Krankenschwestern, die den Kommandanten Tag und Nacht betreuen, bestätigt wird.

Cousteau stirbt am 25. Juni 1997. Am folgenden Tag, dem 26. Juni bekräftigt ein weiteres Fax von Charles Ronsac, dass der Verleger das Buch so rasch wie möglich auf den Markt bringen will: »Das Buch von Cousteau wird morgen erscheinen und ab kommenden Dienstag, dem 1. Juli mit einer Erstauflage von 80 000 Exemplaren im Buchhandel erhältlich sein«, schreibt er. »Es handelt sich um die letzte Version, die ich, ausgehend von der Übersetzung, vorbereitet und in der ich eine Reihe von Anmerkungen, Änderungen und Streichungen vorgenommen habe, ebenso wie kleine Korrekturen in letzter Minute, die wahrscheinlich von Cousteau diktiert wurden, und die seine Frau auf den Druckfahnen notiert hat.« Die beiden Faxe widersprechen sich in jeder Hinsicht. Das erste weist darauf hin, dass »Cousteau nicht mehr in der Lage ist noch an seinem Text zu arbeiten«. .Das andere dagegen, sechs Tage später geschrieben, erwähnt »kleine Korrekturen in letzter Minute, die wahrscheinlich von Cousteau diktiert wurden.« Zu diesem Zeitpunkt weisen einige Zeitungen darauf hin, dass ihnen dieser offensichtliche Mediencoup unangenehm ist. »So etwas nennt man gemeinhin einen Schnell-

46 Leiter einer Buchreihe im Verlag Robert Laffont/Plon.

schuss«, schreibt die Wochenzeitung *Marianne*[47]. »Kommandant Cousteau ist in seinem Pariser Wohnsitz am Morgen des 25. Juni – einem Mittwoch – gestorben. Am selben Tag geht in allen Redaktionen posthum sein Buch *Der Mensch, die Orchidee und der Oktopus* ein (Robert Laffon/Plon). Am Buch ist nur der Einband echt, damit die Journalisten es möglichst schnell besprechen. Der Text selbst wurde noch überarbeitet.«

Das Manuskript geht am Nachmittag des Todestages in Druck. Am übernächsten Tag erhält die Presse endlich das wahre Buch. Nach der Fertigstellung ist es dann auch am 1. Juli im Buchhandel erhältlich, also fünf Tage nachdem Kommandant Cousteau gestorben ist. Fünf Tage? Wer das Verlagsgeschäft und die strengen zeitlichen Abläufe im Zusammenhang mit der Veröffentlichung eines Buches kennt, der kann nur staunen. Umso mehr, als das Originalmanuskript auf Englisch geschrieben wurde! Zunächst musste es also übersetzt werden, was bei einem Buch von 425 Seiten eine Arbeit von mehreren Wochen bedeutet. Dann folgen die unumgängliche Korrekturphase, der Satz, der Druck und schließlich die Auslieferung an die Buchhandlungen. Kein Verleger der Welt kann diese Großtat in weniger als einer Woche vollbringen. *Der Mensch, die Orchidee und der Oktopus* wurde also für die Veröffentlichung vorbereitet, als Kommandant Cousteau in seinem Krankenhausbett im Sterben lag, zu einer Zeit, als wegen seines Gesundheitszustands eine Einflussnahme seinerseits auf den Inhalt des Buches nicht mehr möglich war. Wir erinnern uns: Cousteaus erster Krankenhausaufenthalt begann mit seiner Einlieferung ins amerikanische Krankenhaus von Neuilly am 25. Januar. Einige Tage später, am 5. Februar, unterzeichnet Francine Cousteau per procura mit dem Verlag Robert Laffon einen Vertrag mit dem Ziel, das Buch zu veröffentlichen, das er zusammen mit Susan Schiefelbein geschrieben hat. In dieser Vereinbarung ist vorgesehen, dass Francine Cousteau Laffon alle Verwertungsrechte weltweit überlässt und im Gegenzug eine Teilzahlung von einer Million Franc und eine proportionale Beteiligung an den verkauften Ex-

---

47 In der Ausgabe vom 30.Juni bis 6. Juli 1997.

emplaren erhält. Zugleich entzieht sie Susan Schiefelbein das Recht, das endgültige Manuskript in Augenschein zu nehmen und noch zu verändern, obwohl ein Vertrag vom 11. April 1996[48] darauf hinweist, dass Susan und Jacques-Yves Cousteau »Koautoren des Werkes sind und dass jeder Vertrag über die Verwertung des Buches vorab auch Madame Schiefelbein im Wortlaut zur Begutachtung vorgelegt werden muss.« Susan ist umso verbitterter, als die Schlussversion des Buches groteske Übersetzungsfehler enthält, durch die einige Passagen völlig unverständlich werden. Sie weist auch nach, dass ganze Abschnitte in identischer Form in verschiedenen Kapiteln wiederholt werden. Dazu kommen noch nur annäherungsweise genaue Daten und Fakten, widersprüchliche Übersetzungslösungen und die Stelle, an der sich die Équipe Cousteau auf der *Calypso*, die nie einen Mast besaß und nur mit der Kraft ihrer zwei Motoren fuhr, daran macht, die »Segel zu hissen«.

Jean-Michel Cousteau ist außer sich. Im Namen seiner Kinder und der seines Bruders Philippe schreibt er einen offenen Brief. »Wir waren tief enttäuscht«, schreibt er » als wir erfuhren, dass dieses Buch, das in einigen Monaten erscheinen sollte, überstürzt gedruckt wurde, so als wollte man seinen Tod für einen verlegerischen Schnellschuss ausnutzen. [...] Das Manuskript wurde der Koautorin des Buches, Susan Schiefelbein, nicht vorgelegt, wie es eigentlich hätte geschehen müssen; sie kann es daher nicht mit der Sorgfalt Korrektur lesen, die ein Werk verdient, in dem sechzehn Jahre Arbeit stecken. [...] Der Zeitdruck, unter dem dieser unsägliche Mediencoup veranstaltet wurde, stößt uns ab. [...]

> Wir appellieren feierlich an all jene, die Kommandant Cousteaus Einsatz schützen, bewahren und unterstützen wollen, ungeachtet dessen, dass gewisse Leute darauf abzielen persönliche Vorteile daraus zu ziehen.«

48 Dieser Vertrag wurde zwischen Jacques-Yves Cousteau, Susan Schiefelbein und der Agentur William Morris abgeschlossen.

Francines Antwort darauf lautet: »Selbstverständlich hat der Kommandant Vorkehrungen getroffen, um den Absatz des Buches zu fördern. Es ist nichts, absolut nichts Ungewöhnliches daran, dass es jetzt veröffentlicht wird.« Susan Schiefelbein fühlt sich geschädigt und hat nicht die Absicht, es dabei zu belassen. Sie bringt Francine Cousteau vor Gericht und erreicht in einer ersten Entscheidung, dass das Landgericht Paris den Verlag Robert Laffon et Plon dazu verurteilt, »(ihr) für die Verletzung ihrer Autorenrechte eine Entschädigung zu zahlen [..].« Sechs Jahre später wird der Prozess fortgesetzt. Es ist gut möglich, dass es auf einen Vergleich hinausläuft, mit der beide Parteien zufriedengestellt werden könnten. Sie verhandeln immer noch über ihre Anwälte. Susan Schiefelbeins Empörung ist durch nichts zu beschwichtigen. Dabei ist sicherlich nicht unerheblich, dass Rechtsanwalt William Bourdon, der Anwalt des Verlags Robert Laffon, sie in seinem Schlussplädoyer beschuldigt hat, bestenfalls eine Dokumentalistin und schlimmstenfalls eine Stenotypistin zu sein, die gerade noch fähig ist, die Seiten aus einem Buch zu kopieren, das ein anderer geschrieben hat.

Kaum ist ihr Mann gestorben, bricht Francine auch schon jeden Kontakt zu Susan Schiefelbein ab. Aber nicht nur zu ihr, sondern auch zu einem anderen Gefährten des Cousteau-Abenteuers, nämlich Dominique Sérafini, dem Autor der siebzehn Bände, die die Abenteuer des Kommandanten[49] in Comicform erzählen. Als Sérafini nach Cousteaus Tod an Francine herantritt und sie auf die Fortsetzung ihrer Zusammenarbeit anspricht, sagt sie ihm schlicht Folgendes: »Sie müssen sich entscheiden, auf welcher Seite Sie stehen. Wenn Sie auf Jean-Michels Seite sind, wird es keine Comicserie mehr geben. Ihre Zusammenarbeit mit mir ist dann beendet, und Sie haben keinen weiteren Anspruch auf Tantiemen aus Ihren Autorenrechten. Überlegen Sie es sich gut, ich kann Sie erledigen.« Die neue Präsidentin der Équipe Cousteau ist bis zum Äußersten darauf aus, ihre Bildrechte geltend zu machen und führt Prozess um Prozess.

---

49 *Les aventures de l'Équipe Cousteau*, Band I bis XVII, Paris, Verlag Robert Laffont, 1988-1998. Die Bände liegen nicht auf Deutsch vor. [Anm. d. Übers.]

»Alle, die die Absicht haben, ihren persönlichen Nutzen aus dem Namen des Kommandanten zu ziehen, werden es mit mir zu tun bekommen!«,

beteuert sie häufig. Francine legt nun in beiden Gesellschaften, denen sie vorsteht, eine härtere Gangart ein. Das Verhältnis zur ersten Familie und zu den alten Mitarbeitern wird auf eine juristische Basis gestellt. Beinahe systematisch werden die Prozesse nicht zu Ende geführt. Sie enden häufig in einer »gütlichen« Einigung, die den verklagten Personen horrende Gerichtskosten erspart. In diesem Kampf zwischen David und Goliath geben meistens die weniger reichen nach. Francine Cousteau hat von nun an vier Asse auf der Hand. Sie ist Alleinherrscherin in den Gesellschaften, die ihr Mann gegründet hat. Sie hat alle – oder fest alle – verdrängt, die JYC beim Aufbau seines Lebenswerkes geholfen haben.

Sie umgibt sich mit einem neuen Team von Mitarbeitern, die ihr treu ergeben sind, und sie trägt einen international renommierten Namen.

Sie hat beachtliche Trümpfe in der Hand.
Mal sehen, wofür sie sie nutzt.

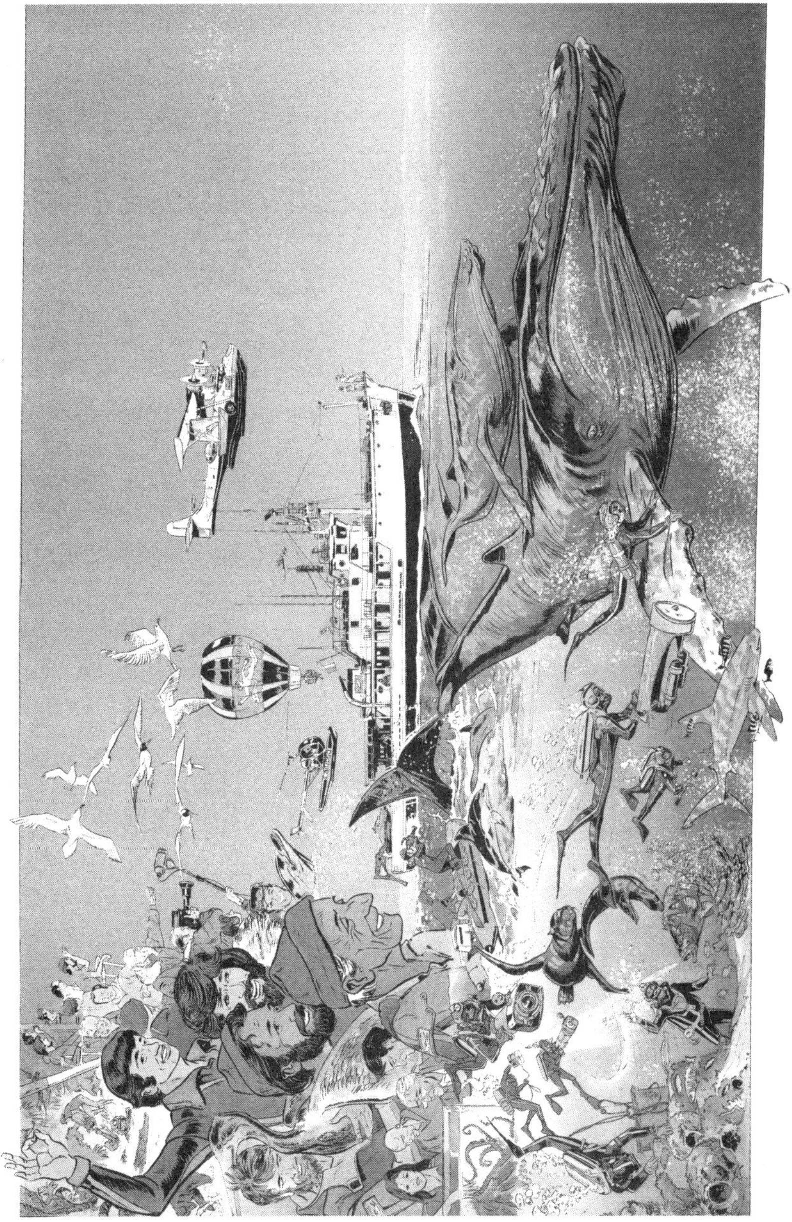

KAPITEL 6

War einst ein kleines (Segel)schiffchen

Wir schreiben den 8. Januar 1996. In seiner Wohnung in der Rue de Bièvre, ganz in der Nähe von Notre-Dame, ist François Mitterand gestorben. In der französischen Presse ist dies natürlich Thema Nr. 1, und alles andere wird auf die hinteren Seiten verbannt. Und doch hinterlässt an diesem Tag noch ein anderes aktuelles Ereignis seine Spuren:

Der Schiffbruch der *Calypso* im Hafen von Singapur.

Dort lag das legendäre Schiff von Kommandant Cousteau und wartete auf neue Abenteuer. Die letzte Expedition lag mehrere Monate zurück. Damals schlug sich die *Calypso* auf dem Mekong durch, einem geschichtsträchtigen Fluss, der sich wie ein Wohltäter von seiner Quelle in Tibet mehr als viertausend Kilometer lang quer durch Birma, Laos und Vietnam schlängelt. In Singapur wechselten sich drei Teams mit je zwei Seeleuten im Vierteljahresrhythmus an Bord der *Calypso* ab und kümmerten sich um ihre Instandhaltung.

Ist die Crew, die sich um die Wartung kümmern soll, nicht bei der Sache? Sie hat vergessen, einen Blick auf den Gezeitenkalender zu werfen. Ein furchtbarer Fehler. Denn niemand kommt an Bord, um die Leinen zu regulieren, mit denen die *Calypso* direkt hinter einem großen Frachtschiff aus Stahl festgemacht ist. An diesem 8. Januar ist Springzeit, d. h. der Wasserstand bei Ebbe und Flut unterscheidet sich besonders stark. Die festgezurrten Leinen halten das Schiff wie in einem Schraubstock fest und verhindern jede Bewegung. Bei der Rückkehr der Flut schiebt sich der Frachtkahn immer mehr unter den Schiffsrumpf aus Holz und reißt ihn schließlich auf. Es entsteht ein Leck genau unterhalb der Wasserlinie.

Die *Calypso* sinkt.

Das Wasser steht hier vier Meter hoch, ist schlammig und warm von der drückenden Hitze. Das Schiff legt sich quer auf seine linke Seite. Nur der Deckaufbau ist noch zu sehen: die Satellitenschüssel, das Ende eines Schornsteins, die Radioantennen, ein Teil des Steuerhauses. Als würde sich die alte Dame trotz ihres schlimmen Schicksals weigern, ganz unterzugehen. »Mit Tränen in den Augen wende ich mich an euch alle, und mir zieht es das Herz zusammen: Die *Calypso* ist im Hafen von Singapur von einem Lastkahn zerdrückt worden«, erklärt der Kommandant, als er die Neuigkeit erfährt. Die Équipe Cousteau in Paris ist alarmiert.

Die Ehemaligen werden in dieser Notsituation ebenfalls um Hilfe ersucht. Jean-Marie France wird als Erster angerufen. Er ist seit Kurzem Rentner und langweilt sich, seit er nicht mehr auf der *Calypso* arbeitet. Ein Mann von kleiner Statur und mit abgehackter Redeweise, mit funkelnden Augen, der mit südländischem Temperament von den vielen Jahren auf der *Calypso* berichtet und dabei seine Liebe zu diesem Schiff nur schlecht verbergen kann. Nach seinem Militärdienst bei der französischen Marine hat Jean-Marie als Chefmechaniker auf der *Calypso* angeheuert. »Ich kannte nur U-Boote«, erklärt er, »dagegen war die *Calypso* ein kleiner Palast.« Jean-Marie France mit seinem tätowierten Körper ist einer von der harten Sorte.

Er akzeptiert ein Leben voller Plackerei, das Leben eines Seemannes, das auf den Bauch des Schiffes begrenzt ist, das mehrmals um die Welt fahren wird. Sein Universum: der Laderaum. Der einzige Horizont: zwei Motoren. Ein Maschinenraum als Domizil. Kochend heiße (Schalt-)Hebel, die millimetergenau eingestellt sind und eine Skala in Schach halten, deren Zeiger auf den roten Bereich zeigen. Der Lärm der Dieselmotoren, die seine Trommelfelle zerstören. Er erzählt von seinen Schiffsreisen: »Ruhiges Wetter lag mir nicht. Ich persönlich hatte es lieber, wenn es etwas Seegang gab; auch nicht zu viel natürlich, aber Windstärke vier oder fünf. Dann habe ich das Schiff richtig gespürt.« Jean-Marie lässt seine Welt Revue passieren. Das Ölkännchen immer in der Hand, den Geruch von Dieselbrennstoff in der Nase, oft auch im Magen, das Ohr am Zylinderkopf, um das geringste ungewöhnliche Rasseln am Ventilheber herauszuhören und eine Panne in der Mechanik, die die Expedition in Gefahr bringen könnte, schon im Voraus zu spüren. Jean-Marie ist ein Krieger, ein Mann, der Opfer bringt und alles andere vergisst. Eine Frau und Kinder? »Ist schon merkwürdig«, sagt er. »Ich hatte einfach keine Zcit, cinc Familic zu gründen und ich habe es nie bedauert!« Sein Fahrtenbuch ist beeindruckend. Er ist auf allen Weltmeeren unterwegs gewesen. Von Papeete bis Phuket, von Norfolk bis Miami, von Noumea bis Los Angeles. Jean-Marie hat keine einzige Expedition verpasst. Nach mehreren Wochen auf See verspürte er dann aber schon bestimmte Sehnsüchte. »Von Zeit zu Zeit wollte ich auch mal einen Baum sehen«, erzählt er, als er sich die vergangenen zweiunddreißig Jahre an Bord der *Calypso* in Erinnerung ruft. »Es ist schon erstaunlich. Ich wollte nie ein ›normales‹ Leben führen. Die Zeit ist zu schnell vergangen! Eines Tages nannte mich jemand ›Monsieur‹; ich sah in den Spiegel und musste mir sagen, dass die Jahre mich eingeholt hatten, ohne dass ich es mitbekommen hatte.« Jean-Marie in Rente? Niemals so ganz! Er hat die *Calypso* im Blut und als man ihn bittet, in die Pariser Räumlichkeiten der Équipe Cousteau zu kommen, denkt er keine Sekunde nach – er stürmt los! »Sie haben mich vor einem Schreibtisch Platz nehmen lassen und mir ein Glas Wasser vorgesetzt. Schon diese Geste hat mich gewundert. Erst danach haben sie mir mitgeteilt, dass die *Calypso* gerade in Singapur Leck geschlagen ist. Ich war aber nicht übermäßig erstaunt.

> Ich hatte ihnen immer gesagt, dass sie an einem sehr gefährlichen Platz liegt.«

Auch Albert Falco wird um Hilfe gebeten. Cousteau bittet ihn, sich vor Ort zu begeben und den Zustand des Bootes zu beurteilen. Ohne zu zögern, stürzen sich die beiden treuen Pioniere in ihre Aufgabe. *Calypso* ist ein Zauberwort. Kaum ist es ausgesprochen, schon lassen sie alles stehen und liegen. Maryvonne, die Lebensgefährtin von Albert Falco, bringt es in ihren Worten auf den Punkt: »Sie können sicher sein, dass die Ehemaligen zur Hochform auflaufen, sobald es um die *Calypso* geht. Mit einem Mal sind Rheumatismus und die alltäglichen Wehwehchen vergessen!«

Albert Falco und Jean-Marie France nehmen die erste Maschine nach Singapur. Der Flug ist lang. Bestimmt nutzen sie die Reise, um zu dösen und sich Erinnerungen ins Gedächtnis zu rufen, die sie beide verbinden. Sie haben immerhin jahrelang dieselbe Kabine geteilt. In zehntausend Metern Höhe und bei einer Fluggeschwindigkeit von neunhundert Kilometern pro Stunde taucht Albert Falco in die Vergangenheit ein. Er erinnert sich an einen wunderbaren Freundschaftsbeweis, den Cousteau ihm eines Tages schrieb: »Wenn wir beide zusammen tauchen, habe ich das Gefühl, dass wir mit denselben Augen sehen. Wir sehen und fühlen das gleiche – sogar wenn wir nicht beieinander sind. Für mich bist du mein Doppel.« Albert Falco hat sein Seemannsleben als Kapitän auf der *Calypso* beendet. Danach zog er sich aus dem Arbeitsleben zurück und ließ sich in Marseille nieder. Sein guter Ruf und seine Freundlichkeit wurden sein Markenzeichen. Um einen Eindruck davon zu bekommen, braucht man nur an einem heißen Frühlingstag neben ihm durch das historische Zentrum der Stadt zu spazieren. Unaufhörlich grüßen ihn Passanten und sprechen ihn an. Er bleibt am Rand des Kais stehen, einige Meter entfernt von den Fischverkäuferinnen, die ihre Ware in blumigen Worten anpreisen. »Hier hat alles angefangen«, erinnert er sich und zeigt auf einen nasses Betonklotz mitten im alten Hafen. Dort lag die *Calypso*, festgemacht am sogenannten ›Tau der Marine‹, mit dem Bug zum offenen Meer.« In dieser Zeit – wir schreiben das Jahr 1952 – wirbt Cousteau seine erste Mannschaft an. »Ich kam an Bord der *Calypso*, weil Marcel Beuchat dem Kommandanten von mir erzählt hatte. Bei unserer ersten Verabredung hätte ich mich am liebsten in ein Mauseloch verkrochen. Cousteau fragte mich, ob ich an einer Unterwasserausgrabung am Grand Congloué teilnehmen wolle. Ich habe ja gesagt, ohne zu ahnen, dass ich mich damit lebenslang verpflichten würde.«

In Singapur eilt Jean-Marie France an den Ort, wo die *Calypso* gesunken ist:

> »Die *Calypso* auf der Seite liegen zu sehen, war der Schock meines Lebens«,

erinnert er sich. Falco, der freundliche Kumpel an seiner Seite, ist außer sich. Er ist wütend auf die Wachmannschaft, die nicht aufmerksam genug war, einen vorhersehbaren Schiffbruch zu verhindern. Mit düsterem Blick zieht Bébert sich seine Ausrüstung an und taucht hinunter zu seinem Schiff. Zum ersten Mal in seinem Leben gleitet er im Zustand der Schwerelosigkeit in die Messe, in der die Crew gewöhnlich ihre Mahlzeiten einnahm. Eine surrealistische Szenerie. Bilder aus der Vergangenheit überwältigen ihn. Er bewegt sich in fauligem Wasser, kann aber feststellen, dass alles an seinem Platz ist. Die Büchersammlung in der Bibliothek ebenso wie einige antike Tongefäße in einer Vitrine stehen unverrückt an ihrem Platz. Falco schiebt eine Konservendose weg, die vor seiner Tauchermaske schwimmt, als er hinuntertaucht. Er kommt ganz nah an seiner Kabine vorbei, aber er schwimmt nicht hinein. Er findet sich zurecht. Trotz des trüben Wassers fühlt er sich ganz wie zu Hause. Eine Taschenlampe leuchtet ihm den Weg. Tastend findet er das gewaltige Loch, das der Lastkahn gerissen hat, und ermisst das Ausmaß der Verletzung, bevor er wieder auftaucht. Er erinnert sich an sein Telefongespräch mit Cousteau:

»Als ich aus dem Wasser kam, rief ich sofort den Kommandanten an. Er stellte mir eine einzige Frage: ›Kann man die *Calypso* wieder flottmachen?‹ Ich habe ihm geantwortet: ›Ja, vorausgesetzt, man stellt die nötigen Mittel zur Verfügung.‹

Von Paris aus nimmt die Équipe Cousteau Kontakt mit dem Unternehmen Smit International[50] auf, einer der größten Schiffswerften in Singapur. Zum Schutz der Umwelt vor eventuell auslaufendem Diesel legen ihre Techniker eine Eingrenzungssperre um die Unfallstelle. Dann ziehen sie gewaltige Nylontrossen um den Rumpf der *Calypso*. Die Vorbereitungsarbeiten dauern siebzehn Tage. Zwischenzeitlich ist Falco abgeflogen, die restliche Crew vor Ort wird von Jean-Marie France geleitet. Die Singapurer Schiffswerft benutzt einen der gewaltigsten Kräne, die je gebaut wurden, ein Monster, das ungeheure Lasten heben kann. Am Ende der Seile dieser Stahlmaschine hängt die *Calypso* wie ein Spielzeug. Vom Laderaum bis zum Steuerhaus wird Wasser aus dem vollgelaufenen Schiff gepumpt. Alles steht unter Wasser, die Motoren, das Stromsystem, die Kabinen der Besatzung. Zentimeter für Zentimeter wird das Schiff angehoben. Als sie sich aus der schlammigen Schicht befreit, spritzt schmutzige Flüssigkeit aus allen Öffnungen. Aber schließlich ist die *Calypso* wieder flottgemacht: Sie schwimmt, auch wenn sie wegen der nur behelfsmäßigen Reparatur noch nicht wieder seetüchtig ist. So gut sie konnten, haben die Techniker die Stelle abgedichtet, wo der Lastkahn den Schiffsrumpf durchstoßen hatte. Bevor sie die restlichen Reparaturen durchführen, erstellen die Manager der chinesischen Werft einen Kostenvoranschlag: 280 000 Singapur-Dollar. Das ist wenig, wenn es darum geht, ein mythisches Schiff wie dieses wieder seetüchtig zu machen. Aber es ist immer noch zu viel für die Leitung der Équipe Cousteau, die sich schwertut mit der Überlegung, ein Schiff wieder neu herrichten zu lassen, das für sie museumsreif ist und für zukünftige Einsätze nicht zu gebrauchen. Und dennoch sorgt der Unfall dafür, dass erhebliche Geldbeträge eingehen.

---

50 Beuchat gründete in der Folge ein sehr berühmtes Unternehmen, das Taucheranzüge, Tauchzubehör und Taucheruhren vertreibt.

Anderthalb Monate nach dem Schiffbruch, am 22. Februar 1996, schickt die Cousteau Society eine Abtretungserklärung an die Césam. Diese vertritt die Interessen mehrerer Seeversicherer, die im Fall, dass ein bei ihnen versichertes Schiff Schiffbruch erleidet, die Verluste genossenschaftlich aufteilen. Eine solche Erklärung ist unter diesen Umständen nicht selten«, erklärt Hervé Laroque, ein Rechtsanwalt, der sich auf Seerecht spezialisiert hat. »Der Eigentümer des Schiffes überträgt sein Eigentumsrecht auf seinen Versicherer und im Gegenzug wird ihm die Versicherungssumme ausbezahlt. Zumeist aber lehnt der Versicherer diese ›Abtretung‹ genannte Verfügung ab. Als Eigentümer wäre er verpflichtet, für alle Kosten aufzukommen, die den Unterhalt des Schiffes betreffen.« In einem am 18. Mai 1998 verfassten Bericht bestätigt der Schiffsgutachter Jacques Mordelle im Namen der Césam, dass »der Versicherer des Schiffes die Abtretung abgelehnt hat und stattdessen Zahlungen für einen ›Totalverlust‹ ohne Übertragung des Eigentums akzeptiert.« Die Césam lehnt also die Eigentumsrechte an der *Calypso* ab, stellt aber einen Scheck über 6 Millionen Franc an dic Cousteau Society[51] aus.

> Dieses Geld reicht aus, um den größten Teil der Reparaturarbeiten zu finanzieren. Aber zu dieser Zeit ist die *Calypso* ein Störfaktor.

Aus einem ganz einfachen Grund. Die Équipe Cousteau hat ein anderes Projekt in der Schublade: Sie mobilisiert ihre Energien, um *Calypso II* zu bauen, ein revolutionäres Schiff, sechsundsechzig Meter lang, das sowohl durch seinen Antrieb als auch durch seine ozeanografische Ausstattung der Inbegriff neuester Technologien ist. An Bord sind vierzig Kojen vorgesehen und zudem eine Landeplattform für Helikopter. Die Planer wollen auch erreichen, dass *Calypso II* ein Wasserflugzeug und ein U-Boot für die Tiefseeforschung mitnehmen

---

51 Der Vertrag wurde am 13. Januar 1996 unterzeichnet.

kann. Das anfängliche Budget ist in dieser Höhe ohnegleichen: 150 Millionen Francs (22 Millionen Euro!). Die Spender und Mitglieder der Cousteau-Gesellschaften werden damals regelmäßig dringend gebeten, die *Calypso II* mitzufinanzieren – die neun Jahre später immer noch nicht gebaut ist. Kurz, der Schiffbruch der *Calypso* kam vollkommen ungelegen. Der Kostenvoranschlag der Werft in Singapur wird abgelehnt. Man muss sich eine andere Lösung einfallen lassen, die kostengünstigste. Innerhalb von achtundvierzig Stunden ist alles gekippt.

Jean-Marie France in Singapur erhält ein Fax der Équipe Cousteau, in dem er aufgefordert wird, das Schiff in einer Notaktion für die Rückführung nach Frankreich vorzubereiten. Ein Dockschiff wird eingesetzt, die *Condock I*, eine Art schwimmender Lastkahn, auf den die *Calypso* geladen wird und im Trockenen und unter freiem Himmel dann die Reise an ihren Bestimmungsort antreten kann. Das Ziel ist Marseille, der Ursprungshafen. Nach einer Fahrt, auf der die ohnehin angeschlagene *Calypso* noch weiter strapaziert wird, geht die Ankunft am Zielort beinahe unbemerkt vonstatten. Die *Condock I* lässt ihre Beute in einem Becken im Handelshafen von Marseille zu Wasser. Zwischen dieser Stadt und der *Calypso* besteht eine ganz besondere Verbindung, fast so etwas wie eine Liebesbeziehung.

> Aber es steht niemand am Kai,
> um die Heimkehrerin nach
> sechsundvierzig erfolgreichen und
> treuen Dienstjahren zu begrüßen.

Trotz der Diskretion um ihre Rückkehr, um nicht zu sagen deren Geheimhaltung, sind die Ehemaligen rasch verständigt und stürzen hinter Albert Falco und Denis Martin-Laval an Bord. Die beiden sehen schon die Vergangenheit wieder auferstehen. Der Clan von Marseille malt sich eine wunderbare Zukunft für das Schiff aus. Da hier ja alles anfing, denken sie, ist hier vielleicht auch der Ort, an dem der Kreis sich schließt. Eine Welle der Solidarität entsteht. Wieder einmal wirkt der ganz besondere Zauber eines Namens, der viele Millionen Menschen rund um den Erdball zum Träumen brachte.

> Die *Calypso* ist nicht nur ein Schiffsrumpf aus Holz.
> Ihre Verehrer sehen sich selbst in ihrer Geschichte,
> im abenteuerlichen Leben eines Schiffes, das sie
> in seinen Bann geschlagen hat.

Die *Calypso* hat eine Seele wie ein menschliches Wesen, und diese Seele geht weit über das hinaus, was in einer simplen Besitzurkunde steht. »Ich habe Dutzende von Briefen bekommen«, erinnert sich Albert Falco. »Fans der *Calypso*, die ihr Können, ihre Kompetenz und ihre Freizeit in den Dienst dieser Rettungsaktion stellen wollten. Einige Briefe kamen von Schiffsschreinern, andere von Studenten oder pensionierten Seeleuten. Kurzum, wir konnten uns auf ein wirkliches Netzwerk von Helfern stützen, um die Restaurierung des Schiffes anzugehen.« Aber es ziehen Wolken auf. Kaum hat die *Calypso* an einem Kai in Marseille angelegt, da stellt sich auch schon die Frage, wie ihre Restaurierung finanziert werden soll. Die lokale Presse befasst sich ausführlich mit diesem Thema und warnt: »Für das Schiff von Kommandant Cousteau gilt es, ein neues Cap zu umschiffen. Nach einem Leben für die Unterwasserforschung, ist die *Calypso* jetzt auf der Suche nach Geldgebern.«[52] Albert Falco mag sich mit einem breiten Lächeln auf den Lippen filmen lassen, wie er das Steuerrad des Schiffes, seinen Glücksbringer, streichelt. Das ändert nichts daran, dass die Gespräche hinter den Kulissen nicht vorankommen. Aber davon weiß Bébert nichts.

In der ersten Reihe der Verhandlungsführer sitzen die engsten Mitarbeiter des Bürgermeisters von Marseille, Jean-Claude Gaudin. Claude Bertrand, sein Referatsleiter, und Henri Loisel, stellvertre-

---

52 Abkürzung für das » Comité d'études et de services des assureurs maritimes et transports de France « (Ausschuss für Forschung und Dienstleistung der Meeres- und Transportversicherer Frankreichs).

tender Generalsekretär der Stadtverwaltung, treffen sich mehrmals mit Francine Cousteau. Ein oder zwei Mal begleitet der Kommandant seine Frau, auch wenn er seit einiger Zeit nicht mehr geschäftsführender Direktor der Équipe Cousteau ist. Diese Episode ereignet sich drei oder vier Monate vor seinem Krankenhausaufenthalt, von dem er sich nicht mehr erholen wird. Henri Jacquier erzählt: »Seit dem Schiffbruch in Singapur lag die Zukunft der *Calypso* in den Händen von Francine. Der Kommandant ist nicht vor Ort gewesen, um den Zustand seines Schiffes zu begutachten. Und in der Folge hat er es seiner Frau überlassen, die Verhandlungen mit den Mitarbeitern von Jean-Claude Gaudin zu führen.«

Die *Calypso* in Marseille, warum nicht?

Der Gemeinderat zieht in Erwägung, das restaurierte Schiff ins Zentrum einer groß angelegten Bausanierung zu stellen, die auf einem Teil der Bebauungsfläche im Handelshafen vorgesehen ist. Schnell drehen sich die Verhandlungen um die finanziellen Investitionen. Wer zahlt was? Für Francine Cousteau ist die Antwort klar: Marseille soll die Instandsetzung der *Calypso* bezahlen, deren Kosten auf 7 Millionen Franc[53] geschätzt werden. Aber das ist noch nicht alles. Sie verlangt außerdem eine beachtliche Summe an Tantiemen auf die Einnahmen aus Eintritt, Rahmenprogramm und dem Verkauf von Merchandisingartikeln rund um die *Calypso* als Teil des geplanten Projekts. Das Dossier enthält konkrete Zahlen. Aber die Stadtverwaltung ist sich schnell im Klaren darüber, dass das Geschäft sich nicht lohnt, sondern dass es die Stadt sogar viel Geld kosten wird. Diese Details werden mir über eine Indiskretion bekannt. Ansonsten herrscht absolutes Stillschweigen in den Büros des Rathauses oberhalb des alten Hafens von Marseille. Länger als einen Monat versuche ich vergeblich, ein Interview mit Claude Bertrand zu bekommen. Dann ist er meine Hartnäckigkeit leid und erklärt sich einverstanden, mit mir zu telefonieren. Aber nur, um mir in entnervtem Tonfall zu

53 Ungefähr 900 000 Euro.

sagen: »Die Stadtverwaltung von Marseille macht zu diesem Fall keine Mitteilungen. Die Gründe sind unsere Angelegenheit, aber an erster Stelle steht die Tatsache, dass die *Calypso* nicht mehr zu den kommunalen Projekten gehört. Wir können nicht über ein Thema sprechen, das bei uns schon lange nicht mehr auf der Agenda steht.« Diese Ablehnung macht mich nur noch neugieriger. Im Laufe des Juni 2004 fahre ich mit einem Drehteam nach Marseille. Im Foyer des denkmalgeschützten Rathauses empfangen uns zwei Amtsdienern in einem winzigen Büro. »In wessen Auftrag sind Sie hier?«, werden wir gefragt. »France Télévisions.« Erneut bitte ich um ein Interview mit Claude Bertrand, ohne Erfolg. Einer der Beamten wird von einem zum anderen geschickt, bemerkt aber plötzlich drei Personen, die die monumentale Treppe zu den Büros in den oberen Etagen herunterkommen. »Wenden Sie sich an diesen Herrn, er kann Ihnen sicherlich weiterhelfen!«, sagt er mir und zeigt auf einen Mann um die fünfzig im dunklen Anzug. Ich respektiere dessen Wunsch nach Anonymität[54], muss aber doch Teile unseres Gesprächs aufgreifen. »Dazu geben wir keine Interviews. Sie können sich vorstellen, warum!« »Nein, eigentlich nicht.« »Wir konnten uns mit Francine Cousteau nicht einig werden. Ihre Forderungen überstiegen jedes Maß. Wir sind für einen öffentlichen Haushalt verantwortlich und für uns kam es zu keinem Augenblick in Frage, die Konten ihrer Organisationen mit dem Geld der Steuerzahler zu füllen.« Ich frage ihn, ob er bereit wäre, darüber vor der Kamera zu sprechen. Er lehnt entschieden ab.

> »Das betrifft uns nicht mehr«, antwortet er. »Für uns ist das eine alte Geschichte, es ist inzwischen belanglos.«

In einem hübschen Wohnhaus in der Umgebung von Marseille.

---

54 Neben der Cousteau Society sind drei weitere Organisationen Unterzeichner dieses Abtretungserklärung: die Équipe Cousteau, die Campagnes océanographiques françaises und die Gesellschaft Anglo-Française.

Das Esszimmer von Albert Falco im Erdgeschoss geht auf eine schattige Terrasse hinaus. Auf einem Holzschrank steht ein schmuckes Modell der *Calypso,* und seine Lebensgefährtin Maryvonne achtet darauf, dass sich kein Körnchen Staub darauf legt. Aus einem sorgfältig geführten Ordner nimmt Bébert einen Brief und reicht ihn mir. Er ist auf den 7. November 1996 datiert und mit Jacques-Yves Cousteau unterschrieben. Der letzte Brief, den der Kommandant ihm geschrieben hat. »Mein lieber Bébert, [...] Wegen unserer geliebten *Calypso* wird man Sie in Kürze seitens der Universität Marseille kontaktieren. Ich hatte nämlich letzten Dienstag Besuch vom Präsidenten der *Université Méditerranée Aix-Marseille II,* Monsieur Didier Raoult [...]. Wir haben über das Vorhaben gesprochen, der Universität für die Einführung ihrer Studenten in die Ozeanografie die *Calypso* anzuvertrauen.« Für Albert Falco ist dieser Brief der letzte Wille des Kommandanten im Hinblick auf »seine geliebte *Calypso*«: sie zu neuem Leben zu erwecken und der folgenden Generation zur Verfügung zu stellen. Bébert wird diese Sicht der Dinge aber nie durchsetzen können. »Ich konnte mit der neuen Leitung der Équipe Cousteau darüber nicht diskutieren«, sagt er mir. »Wir haben uns voneinander entfernt, und dann ist der Kommandant auch wenig später gestorben.« In Marseille gerät die Angelegenheit ins Stocken und auf den Kais im Alten Hafen schäumt die Wut. Aber der Zorn der Ehemaligen kann angesichts der Unbeweglichkeit von Francine Cousteau nichts ausrichten. Ohne den geringsten rechtlichen Spielraum sind sie dazu verurteilt, in einer unerträglichen Untätigkeit zu verharren. Albert Falco, André Laban und Denis Martin-Laval werden von den Verhandlungen ausgeschlossen und sind einfach nur Zuschauer. Ihre Verzweiflung wächst von Tag zu Tag. Zu Recht. Die *Calypso* geht ihnen durch die Lappen. Mit den Angehörigen der Stadtverwaltung ist keine Einigung möglich?

Warum dann sein Glück nicht anderswo versuchen?

Vom Mittelmeer bis zum Atlantik ist es nur ein kleiner Schritt. Aber ein langer Weg für ein Schiff, das am Ende ist. Ein weiteres Mal wird die *Calypso* für den Transport auf ein Schiff geladen. Schon seit geraumer Zeit ist die *Calypso* von *La Bergère* aus eigener Kraft nicht mehr seetüchtig. Sie ist nur noch eine ausgediente Fracht, die man von einem Hafen zum nächsten transportiert, von Singapur nach Marseille, von Marseille nach La Rochelle. Im Juni 1998 passiert die *Calypso* den Hafendamm von La Pallice, dem Handelshafen von La Rochelle, wo sie ein weiteres Mal beinahe sinkt. Die Reparaturen von Singapur hielten nicht lange, und eilig muss ein Leck abgedichtet werden, das eine Gefahr für den Erhalt des gesamten Schiffes darstellt. Einige Tage später läuft die *Calypso* dann offiziell in den Hafen von La Rochelle ein. Ihr Ziel ist das Hafenbecken für die Fischkutter. Eine riesige Menschenmenge drängt sich auf den Kais. Die Ehemaligen sind alle da: Es war ihnen wichtig, ihr Schiff bis in seinen neuen Gasthafen zu begleiten.

Albert Falco, Denis Martin-Laval, Claude Wesly drücken sich eine rote Mütze ans Herz, ohne zu wissen, dass ihnen das Herz bald bluten wird.

Warum sollten sie auch nicht zuversichtlich sein? Zu diesem Zeitpunkt gibt es gute Gründe, an eine bessere Zukunft zu glauben. Francine Cousteau ist mit Michel Crépeau, dem Bürgermeister von La Rochelle, zusammengetroffen. Sie sind übereingekommen, sich für die Zukunft der *Calypso* gemeinsam etwas einfallen zu lassen:

> Sie wollen aus dem Schiff von Kommandant Cousteau den Dreh- und Angelpunkt des Meeresmuseums machen, das dem »Erlebnis Unterwasserwelt« gewidmet ist.

Die Zusammenarbeit beginnt vielversprechend. Crépeau ist ein untypischer Bürgermeister, ein Störenfried, der zu großen Entscheidungen fähig ist. Seine Stadtverwaltung war eine der ersten in Frankreich, die ihren Bürgern im Stadtzentrum Fahrräder zur kostenlosen Benutzung zur Verfügung gestellt hat. Vor allem aber ist La Rochelle von einer langen Schifffahrtstradition geprägt. Die Stadt wird vom Ozean regelrecht angezogen. Jenseits der beiden mittelalterlichen Türme am Eingang zum historischen Hafen, stehen ihre Kais für das besondere Flair der Stadt. Schon seit vielen Generationen flirtet die Bevölkerung mit dem Meer, ihrem Komplizen. Die Stadt, die wie ein Leuchtturm am Atlantik liegt, ist mit dem *Festival des Francofolies*[55] international bekannt geworden. Einmal im Jahr findet der *Grand Pavois*, eine renommierte Wassersportmesse statt. An keiner anderen Stelle der französischen Küste liegen so viele Yachten wie im Hafen *Port des Minimes* von La Rochelle. Das sind doch ernst zu nehmende Argumente, oder etwa nicht?

Zumindest ist das die Meinung von Patrick Schnepp, dem Direktor des Meeresmuseums von La Rochelle. 1986 begann der Mann aus dem persönlichen Umfeld von Michel Crépeau damit, einen in Frankreich einzigartigen Ort zu erschaffen. Patrick Schnepp ist bis heute ein großer Junge geblieben. Seine Augen hinter den dikken Brillengläsern haben nie aufgehört zu träumen. Sein Museum spiegelt das Ausmaß seiner Leidenschaft für das Meer. Seit Jahren sammelt und restauriert er Takelagen, macht Fischkutter ausfindig, päppelt *classic yachts* auf, die die Segelgeschichte zu Beginn des 20. Jahrhunderts geprägt haben. Voller Stolz nimmt er *France 1* auf, die erste französische Wetterfregatte, und er kämpfte dafür, dass das legendäre Schiff *Joshua*, auf dem Bernard Moitessier um die Welt gesegelt ist, in den Besitz des Museums gelangt. An Bord der *Joshua* hat Moitessier *La Longue Route*[56] geschrieben, ein Buch, das eine ganze Generation von Abenteurern prägt und die berühmtesten französischen Seefahrer dazu bringt, ihrer Berufung zu folgen: Florence Arthaud, Olivier de Kersauzon, Philippe Poupon und Titouan Lamazou, um nur die bekanntesten zu nennen. Und so empfängt Patrick Schnepp die *Calypso* natürlich mit offenen Armen und schwärmt:

---

55 Einwöchiges Musikfestival mit frankofonen Singer-Songwritern, Rock- und Popmusik. [Anm. d. Übers.]

56 Auf Deutsch unter dem Titel *Der verschenkte Sieg* erschienen. [Anm. d. Übers.]

»Ich kann mir schon vorstellen, was wir mit dem Schiff alles machen werden. Es wird im Mittelpunkt einer Ausstellung stehen, die wir *Von Nemo bis Cousteau* nennen wollen. Es wird sich alles um die Geschichte des Sporttauchens drehen.«

Die *Calypso* liegt in einem Winkel des Meeresmuseums vor Anker. Patrick Schnepp hat einige Instandsetzungsarbeiten vorgesehen und heckt schon den Plan für eine Baustelle aus, auf der man den Fortgang der Arbeiten miterleben kann.

Nicht eine Sekunde lang ahnt er, dass das Schiff von Kommandant Cousteau ihm sieben lange Jahre das Leben schwer machen wird.

SERGE, PRENDS UN DÉBORDOIR ET VEILLE SUR SILLINER!
AH! BON... JE CRAIGNAIS QUE TU VOULAIS ME TIRER LE PORTRAIT!...
NON! JE T'EMMÈNE POUR FAIRE PEUR AUX REQUINS...
C'EST TOI QUI VAS LES EFFRAYER AVEC TES CALEÇONS À FLEURS!...
ACH! MES CALEÇONS, C'EST POUR LE CAMOUFLAGE PARMI LES ANÉMONES!
BON! TU PHOTOGRAPHIES, JE FAIS LE GUET... PASSE-MOI LE DÉBORDOIR! LES REQUINS, ÇA ME CONNAÎT!
ON Y VA. SUIS-MOI ET PAS-T'OUBLIER!
AVEC SERGE ET SILLINER, TOUTE UNE ÉQUIPE DE PLONGEURS SE METTENT À L'EAU. LEUR MISSION? CAPTURE, IDENTIFICATION DES POISSONS DE RÉCIF...

KAPITEL 7

Die Option Blake

Am Tag des offiziellen Empfangs der *Calypso* im Hafen von La Rochelle drängt sich in der riesigen Menschenmenge auf dem Kai auch eine kleine Truppe um Michel Crépeau. Natürlich ist die lächelnde Francine Cousteau darunter. Sie ist in Begleitung eines hoch gewachsenen Mannes, der nicht von ihrer Seite weicht. Ist dieser blonde Hüne, der da gleichgültig in die applaudierende Menge blickt, etwa ihr Bodyguard? Das ist er keineswegs. Diese blauen Augen, dieser Bart, dieses einzigartige Wikinger-Charisma gehören dem bekanntesten aller Neuseeländer: Sir Peter Blake. Wahrscheinlich einer der besten Seefahrer weltweit, ein in seinem Land vergötterter Sportler, der schon zahlreiche Titel geholt hat.

Was für einen Weg hat er zurückgelegt: Als Junge war er zu schmächtig[57], um Rugby-Spieler zu werden – ein Sport, den er heiß und innig liebte. Seine Eltern trösteten ihn und brachten ihm das Segeln bei. Sein erstes Boot schenkten sie ihm, als er acht war. Es war

57 Als Erwachsener maß Peter Blake dann trotzdem mehr als zwei Meter.

eine Pee Bee, keine schlechte Startbedingung. Ihr Sprössling wird eines Tages ein Held der Seefahrer. Regatten, Langstreckenrennen, Weltumsegelungen: Mit seinem unvergleichlichen Talent hat er bei allem, was er anpackt, Erfolg. Die Liste der Siege von Peter Blake ist so endlos wie ein Tag mit Windstille. Nachdem er 1979 das *Fasnet-Race* und im folgenden Jahr die Regatta in Sydney gewonnen hat, beginnt der wahre Ruhm von Peter Blake, als er 1990 das *Whitbread Round the World* Race[58] für sich entscheidet. 1994 holt er sich dann an Bord des Katamarans *Ezra* die Jules Verne Trophy[59]. Aber als man ihm den prestigeträchtigsten aller Pokale überreicht, den America's Cup, hat er ein Bravourstück abgeliefert: In San Diego gewinnen die neuseeländischen Herausforderer mit ihrem Schiff, das von Peter Blake geführt wird, im Finale fünf Regatten hintereinander gegen den Vorjahressieger, den Amerikaner Denis Conner. Blake beschert der kleinen, vier Millionen Einwohner zählenden Nation auf der anderen Seite des Erdballs echten Weltruhm. Bei seiner Rückkehr nach Neuseeland wird er als Held bejubelt.

Februar 1995: Hunderte von Pelikanen stecken ihren Schnabel unter ihr Gefieder. Sie hocken gelassen auf Holzpfählen und warten auf den Sonnenuntergang, der Abend für Abend gegen achtzehn Uhr San Diego in zarte, ins Orange spielende Farben taucht. Die Stadt am Pazifik, im äußersten Süden Kaliforniens, ist nur zwanzig Minuten entfernt von Tijuana, der Grenzstadt zu Mexiko. Am Steuer eines Allrad-Jeeps fahre ich mit meinem Kameramann durch ein Viertel mit kleinen, einfachen Wohnhäusern. Ich bin mit Peter Blake verabredet und möchte ein Porträt des Mannes schreiben, der bei diesem America's Cup gerade für Überraschung sorgt. Seine Frau Pippa öffnet und bittet uns in eine recht bescheidene 4-Zimmer-Wohnung,

58 Segelregatta, die in Etappen gesegelt wird und einmal um die Welt führt; sie heißt inzwischen *Volvo Ocean Race*.

59 Weltumsegelung in der Mannschaft, nonstop und ohne Hilfe von Außenstehenden. Peter Blake verbesserte den ersten, von Bruno Peyron aufgestellten Rekord und legte die Rundreise in etwas mehr als vierundsiebzig Tagen zurück.

die das Ehepaar Blake mit seinen zwei Kindern bewohnt. Ich kann nicht umhin, sie mit den prunkvollen Anwesen zu vergleichen, die von den wichtigsten Managern des französischen Herausforderers gemietet wurden. Zum selben Zeitpunkt bewohnten Marc Pajot und seine Familie eine 8-Zimmer-Villa mit Swimmingpool und Gymnastik- und Fitnessraum. Natürlich lagt sie direkt am Pazifik und die monatliche Miete betrugt über 10 000 Euro. Der neuseeländische Herausforderer beeindruckt seine Gegner. Blake holt einen Sieg nach dem anderen und zeigt dabei auf dem Wasser, wie man ein Team führt und zu Lande ebenfalls. Jeder Dollar seines Budgets wird bewusst ausgegeben. Leistung ist wichtiger als alles andere. Die Kiwis setzen lieber ihr Können sinnvoll ein, als ihr Ego zu pflegen. »*The right man at the right place*«, erklärt mir Peter Blake, während Pippa uns eine Tasse Tee reicht.

Dieses Motto beweist Peter bei jeder Regatta. Er hat an Bord der *Black Magic* einen ganz unbedeutenden Posten: Er bedient die Winschkurbel für das Großsegel und überlässt das Ruder Russel Coutts[60]. Auf dem Wasser sind die Neuseeländer unschlagbar. Die schwarz gekleidete Crew kämpft Schulter an Schulter. Sie fährt hoch konzentriert und genau und erlaubt sich nicht den kleinsten Fehler. Sie wird zum Schrecken der Regatten in der Ausscheidungsrunde. Die einzige Spinnerei sind die roten Socken, die Peter Blake bei jedem Rennen trägt, seit die Kiwis ihre erste Regatta gewonnen haben. Diese roten Socken werden für seine Crew und das ganze Land zum Glücksbringer. »Mein Geheimnis?«, fragt Peter Blake lächelnd. »Das sind nicht meine Socken, sondern unsere Arbeit. Keine gesellschaftlichen Vergnügungen, kein unbegrenztes Kommunikationsbudget. Das gesamte Geld wird in die Forschung und die Verbesserung unserer Leistung auf dem Wasser gesteckt. Wir versuchen, das beste und das schnellste Boot zu haben. Alles andere ist unwichtig.« Dass mich dieser Mann beeindruckt, wäre zu wenig

---

60 Der Neuseeländer Coutts war zu dieser Zeit Weltmeister im Match-Racing, einer Regatta, bei der zwei Boote gegeneinander antreten und in einer Wettfahrt um Bojen herumfahren.

gesagt. Alle, die ihn kennengelernt haben, spüren die unerbittliche Kraft, die er freisetzen kann und die von seinem angeborenen Respekt für die anderen und seiner natürlichen Autorität, seiner Gelassenheit und Entschlossenheit herrührt. Als wir unser Gespräch führen, hat er den America's Cup noch nicht gewonnen, aber er kommt der Eroberung des Grals jeden Tag ein Stückchen näher. Wir machen die Filmaufnahmen bei ihm zu Hause, während er mit den Kindern spielt. Seine Frau Pippa vertraut mir an: »Ich habe einen wunderbaren Mann geheiratet. Was er als Segler auf die Beine stellt, hat ihn nie davon abgehalten, nahe bei seiner Familie zu sein. Bei uns findet er sein inneres Gleichgewicht wieder.« Ich frage Peter Blake, was er noch in Angriff nehmen möchte, wenn er den America's Cup gewonnen hat. Was könnte er noch erreichen, wenn er auf dem Gipfel der Segelwettkämpfe angekommen ist? »Ich werde sicher nicht den Rest meines Lebens mit Segelregatten verbringen«, gesteht er. »Meine Leidenschaft ist die Umwelt. Unserer Erde geht es schlecht, und ich versuche ihr auf meine Weise zu helfen. Ich habe schon einige Ideen zu diesem Thema, aber gut Ding will Weile haben.« Einige Wochen später küssen die Crew-Mitglieder der neuseeländischen Herausforderer nacheinander den Pokal, eine silberne Wasserkanne[61], und taufen sich mit Champagner. Ein Augenblick der Ausgelassenheit auf dem Kai in San Diego, nach der fünften Regatta, die das Neuseeland-Team gegen das Schiff des Amerikaners Denis Conner gewonnen hat. Ich treffe Peter, der mir mit einem breiten Grinsen zuflüstert: »*We did it!*«[62]. Unmittelbar danach wird er von der Queen in den Adelsstand erhoben und darf sich von nun an »Sir Peter« nennen.

Drei Jahre sind seither vergangen und Sir Peter Blake steht nun an der Seite von Francine Cousteau auf dem Kai in La Rochelle, an dem die

---

61 Seit 1851 wird die Trophäe dem Sieger des America's Cup überreicht. Danach wird sie in der Folge im Royal New Zealand Yacht Squadron, im Hafen von Westhaven in Auckland (Neuseeland), ausgestellt.

62 »Wir haben es geschafft!«

Calypso liegt. Zu diesem Zeitpunkt wird Peter als der mutmaßliche Nachfolger von Kommandant Cousteau gehandelt, der sechs Monate vor seiner endgültigen Einlieferung ins Krankenhaus Kontakt zu ihm aufgenommen haben soll. Seine Statur und die Berühmtheit legitimieren ihn für den Posten des Chefs zukünftiger Cousteau-Expeditionen. Einige Tage später soll Peter Blake an Bord der *Alcyone* gehen, um einen Monat lang an einer Fahrt im Kaspischen Meer teilzunehmen. Die Expedition in das schwer zugängliche Binnenmeer wurde von der Équipe Cousteau organisiert und steht unter der Schirmherrschaft der UNESCO. Das Kommando auf der *Alcyone* wurde Bernard Deguy übertragen. Ein Bretone mit weißem Haar und lauter Stimme, ein früherer Langstreckensegler, Teilnehmer an der *Whitbread* (Whitbread Round the World Race), der jetzt in der Nähe von Saint-Malo in der Bretagne lebt.

Bernard Deguy wurde nicht zufällig ausgewählt. Er war es, der die *Alcyone* als Prototyp entwickelt hat. Im April 1984, nach dem Bau auf einer Werft in La Rochelle, wurde das Schiff von *La Bergère* getauft[63]. Das Projekt in Höhe von 19 Mio. Franc hat Pechiney[64] finanziert. Für das Unternehmen war es eine Möglichkeit, gegenüber den großen Schiffsbaunationen der Welt – Korea, Japan, Brasilien, den Vereinigten Staaten – die Nützlichkeit des Turbosegels unter Beweis zu stellen. Dieses Segel könnte, so wurde vermutet, den Treibstoffverbrauch der Handelsmarine um 25 % reduzieren. Während ihrer Jungfernfahrt nach New York 1985 ist es nach wie vor Bernard Deguy, der den Befehl auf der *Alcyone* hat. »Unglücklicherweise«, erinnert er sich, »ist der Ölpreis pro Barrel genau in dieser Zeit gesunken. Die Reeder und die Gesellschaften wollten keine hohen Summen in eine teure Technik investieren, die dazu noch einen

63 Der Bau wurde von der Société nouvelle des ateliers et chantiers (Neue Gesellschaft der Werkstätten und Werften) von La Rochelle-Palice durchgeführt.
64 Ein traditionsreiches französisches Industrieunternehmen, das auf dem Gebiet der Aluminiumgewinnung und -verarbeitung, Verpackung und Chemieproduktion tätig war. [Anm. d. Übers.]

sehr speziellen Kiel erfordert. Letztlich ist dann kein einziges Handelsschiff mit dem Turbosegel ausgerüstet worden.« Im Mai 1998 begibt sich Bernard Deguy zu einem Termin mit Francine in die Räumlichkeiten der Équipe Cousteau in Paris. Die *Alcyone* liegt am anderen Ende der Welt, in Südafrika. Bernard erhält den Auftrag, die Fahrt des Schiffes vom Kap bis nach Istanbul, seinem Einsatzort, zu überwachen, von wo aus die Expedition ins Kaspische Meer starten soll. »Es herrschte eine unwirkliche Atmosphäre in den riesigen Büroräumen dieses Stadtpalais im 16. Pariser Arrondissement«, erinnert er sich.

> »Ich sollte drei Tage später aufbrechen, und Francine sprach von den zukünftigen Uniformen der Crew der *Calypso II*, die Paco Rabanne entwerfen würde. «

Er fährt fort: » Aber ich hatte nie das Gefühl, dass sich jemand wirklich für das Projekt im Kaspischen Meer zuständig gefühlt hätte. Ich habe sie gebeten, Seekarten für die Begleitmannschaft zu kaufen. Die Leute um sie herum hatten die besten Absichten.« Drei Tage später landet Bernard Deguy am Kap und geht an Bord der *Alcyone*, die er in einem sehr mäßigen Wartungszustand vorfindet. Die beiden Turbosegel-Masten liegen auf dem Kai, und einer der Motoren schwächelt beunruhigend. Mit reduzierter Crew und nach einigen Notreparaturen kann die *Alcyone* endlich in Richtung Istanbul in See stechen. Die Fahrt wird einen Monat dauern, aber schon von Anfang an häufen sich die Probleme. »Abgesehen vom VHF[65]-System hatten wir keinerlei Kommunikationsmittel an Bord«, erinnert sich Deguy. »Man hatte mir ein Satellitentelefon versprochen, das aber nie geliefert wurde. Um mit der Équipe Cousteau Kontakt aufnehmen zu können, mussten wir mit dem Handy eines der Crew-Mitglieder telefonieren.« Zwischen dem 21. Mai und dem 22. Juni 1998 nutzt

65 Very High Frequency, Hochfrequenz-Funkanlage, die eine Verständigung über kurze Entfernungen ermöglicht.

Bernard Deguy einen Monat lang jeden Zwischenstopp im Hafen, um Francine zu alarmieren und sie aufzufordern, die verschiedenen Probleme, von denen das Schiff betroffen ist, aus der Welt zu schaffen:

Am 21. Mai 1998, in einem ersten Fax aus Durban, Südafrika, macht er sie darauf aufmerksam, dass die Satellitenverbindung nicht funktioniert und schlägt ihr vor, ihm ein neues, funktionsfähiges Gerät zu schicken.

Am 28. und am 29. Mai, eine Woche später während des Zwischenstopps in Mayotte, schreibt Bernard Deguy zwei ergänzende Faxe, in denen er Ersatzteile für die Reparatur des Hydrauliksystems bestellt.

Vierzehn Tage später, als sie durch den Suezkanal fahren, zeigt er sich in einem weiteren Fax beunruhigt über den Verbleib des bestellten Materials.

Am 23. Juni 1998, einen Monat nach dem Start in Südafrika, legt die *Alcyone* im Hafen von Istanbul an.

Bernard Deguy lässt seiner Wut über die Équipe Cousteau freien Lauf: »Seit dem 21. Mai ist unser Satellitensystem defekt!«, faxt er, ohne seine Verärgerung zu verbergen. »Dazu gab es von Ihrer Seite weder eine Erklärung noch eine Entscheidung. Warum? Wir haben außer dem VHF kein Kommunikationssystem. Ich habe Ihnen die Mängelliste des Technikers geschickt, womit Sie das Notwendige für eine Reparatur in Istanbul hätten veranlassen können. Nichts von alledem ist passiert. Kein Neukauf, keine Vorbereitung, keine Reparatur.« Es warten aber noch weitere Überraschungen auf Bernard Deguy. Als Peter Blake in Istanbul zu ihm stößt, will er ihm das Kommando auf der *Alcyone* übergeben und im Anschluss sofort nach Frankreich zurückkehren. So sah es der Plan vor, den Francine Cousteau ihm vor seiner Abreise nach Südafrika beschrieben hatte. Aber Peter ist nicht einverstanden: Er ist nicht gekommen, um den Befehl auf der *Alcyone* zu führen, sondern um die Abläufe einer Cousteau-Expedition aus der Nähe mitzuverfolgen. »Ich habe einen Brief mit meiner Kündigung geschrieben«, erklärt Bernard Deguy, »aber Francine hat mich überredet zu bleiben.«

Die *Alcyone* fährt durch den Bosporus ins Schwarze Meer, dann die Wolga stromaufwärts bis ins Kaspische Meer. Das Schiff bahnt sich gemächlich seinen Weg von Schleuse zu Schleuse und weckt viel Neugier bei der Bevölkerung. Die Menschen kommen, um die Crew kennenzulernen. Sie bitten um Autogramme und wollen mit den Nachfolgern von Jacques Cousteau in Kontakt kommen. Als bloßer Zuschauer dieser spontanen Bekundungen wird sich Peter Blake der unglaublichen Wirkung bewusst, die der Mann, den er ersetzen soll, im Kopf der Menschen hinterlassen hat. Seine eigene Rolle an Bord ist aber immer noch nicht klar definiert. »Wir hatten einen Expeditionsleiter erwartet, und er war als bloßer Beobachter angetreten«, erzählt Bernard Deguy. »Peter verbrachte die Tage am Telefon und versuchte die Situation mit Francine zu klären. Sie hat ihn zum Narren gehalten, hat ihm wiederholt versprochen, die nächste Maschine zu nehmen und beim nächsten Zwischenstopp zu uns zu stoßen. Das ging einen ganzen Monat so und sie ist nie aufgetaucht.« Auf Bitten von Peter Blake ist auch Christian Février an Bord der *Alcyone*, ein berühmter Fotograf, der sich seit Jahrzehnten auf Segeln und Langstreckenrennen spezialisiert hat. Christian hat sich das Aussehen eines Seewolfes zugelegt. Sein graumelierter Bart, seine Pfeife und sein humorvoller Blick sind auf allen Bootsstegen der Welt bekannt. Christian Février erinnert sich daran, dass Peter Blake Urlaub genommen hatte, um die Cousteau-Expedition mitzumachen. Zu diesem Zeitpunkt war Peter Gewinner des America's Cup und der Chef des Team New Zealand. Es war ihm vertraglich untersagt, noch weitere Aufgaben zu übernehmen. »Blake arbeitete ausschließlich für das Team New Zealand«, erklärt Février. »Er war nicht der Mann, der seinen Verpflichtungen untreu wird.

Im Gegensatz zu dem, was Francine überall in der Presse verkündete, konnte Peter Blake gar nicht offiziell der Leiter der Expedition werden.

Die Spannung zwischen den beiden wurde unerträglich. Ihre täglichen Telefonate belegen das.« Im Kontakt mit den Medien liefert Francine Cousteau eine ganz andere Version der Dinge. Auf die Frage eines Journalisten von *France-Soir*[66], ob es einen neuen Expeditionsleiter auf der *Alcyone* gebe, antwortet sie:

»Es handelt sich hierbei um Peter Blake, sein Adelstitel ist Sir Peter. Er ist einer der größten Seefahrer unserer Zeit, der auch die notwendige Zeit hat, um das Lebenswerk von Kommandant Cousteau fortzuführen.«

»Das Team der Wissenschaftler, das schon mit meinem Mann zusammengearbeitet hat bleibt bei ihm. Nach zwei Jahren im Kaspischen Meer haben wir zehn Jahre mit wissenschaftlichen Programmen vor uns.«

Dieses Interview ist interessant, denn es gibt Aufschluss über die Methode, die die aktuelle Direktion der Équipe Cousteau in ihren Erläuterungen gewohnheitsmäßig praktiziert. Zunächst präsentiert Francine Peter Blake als den Nachfolger ihres Mannes, obwohl zwischen ihnen nie ein Vertrag abgeschlossen wurde. Die Unklarheit der Rolle von Blake wird von allen Mitgliedern der Expedition bestätigt, die an Bord der *Alcyone* waren. Dann beschwört sie ein Team von Wissenschaftlern, das es nicht gibt. Bernard Deguy bestätigt: »Während der Expedition im Kaspischen Meer hatten wir keinen einzigen Wissenschaftler an Bord der *Alcyone.*« Francine spricht auch von einer »zweijährigen« Expedition. Tatsächlich hat sie aber nur einen Monat gedauert. Was die »zehn Jahre mit wissenschaftlichen Programmen« betrifft, so gab es keine weiteren Kommentare dazu, wie sie sich gestalten sollten. Wiederholt setzt die Équipe Cousteau in ihren Pressemitteilungen auf das, was in dem Wort »Wissenschaft« mitschwingt. In einem Interview mit dem *Figaro*[67]

---

66 Das Interview mit Francine Cousteau, das in der Ausgabe vom 4. Juni 1998 erscheint, führte Jean-François Crozier.

67 Ausgabe vom 8. Juni 1998, Autor des Artikel ist Christophe Doré.

erklärt Francine: »Diese erste Expedition ins Kaspische Meer soll in Zusammenarbeit mit den besten Wissenschaftlern der besuchten Regionen durchgeführt werden.« Kein Meeresbiologe russischer oder iranischer Nationalität wird allerdings auch nur einen einzigen Tag an Bord der *Alcyone* verbringen. »Sie wollte die Berühmtheit von Blake benutzen, sie ausrollen wie ein Banner«, unterstreicht Bernard Deguy. »Peter arbeitete zum ersten Mal mit der Équipe Cousteau und für ihn war es offensichtlich, dass er kurzfristig die Leitung übernehmen würde. Aber für Francine war davon keine Sekunde lang die Rede!«

Die Expedition ins Kaspische Meer ist eine bislang einmalige Gelegenheit, in dieses Binnenmeer mit den beiden Anrainerstaaten Russland und Iran vorzustoßen. Die Dreherlaubnis und die Genehmigung für das Schiff werden nur in Etappen erteilt. Für die kostbaren Visa musste die UNESCO ihr ganzes Gewicht in die Waagschale werfen und ihre diplomatischen Beziehungen spielen lassen. Die Crew auf der *Alcyone* soll für dieses Meer eine Bilanz erstellen. Es ist durch Kohlenwasserstoffe stark verschmutzt und seine Stör-Bestände sind überfischt. Der Fisch, der wegen seiner Eier, die als der beste Kaviar gelten, sehr begehrt ist, ist wirklich bedroht. Die Unterwasserfilmcrew an Bord hat den Auftrag, unter Leitung von Grégoire Koulbanis[68] einen 52-minütigen Film zu drehen, der die Höhepunkte der Expedition aufzeichnen soll. Auch an einen Regisseur ist man herangetreten.

Jacques Renoir hat acht Jahre lang, zwischen 1967 und 1975, als Kameraassistent für Jacques-Yves Cousteau gearbeitet. Nach dem Tod des Kommandanten nahm Francine wieder Kontakt zu Renoir auf und schlug ihm vor, einen Film über die Expedition ins Kaspische Meer zu drehen. Zunächst gab es nur einen Telefonanruf. »Ich habe zwei fertige Drehbücher für Dokumentarfilme mit dem Titel

---

68 Grégoire Koulbanis, Umweltberater, gründete die Filmproduktionsfirma Philobates als Gesellschaft mit beschränkter Haftung]. Die Cousteau Society hat diesem Unternehmen im Jahr 2003
64 727 Dollar gezahlt.

Graues Gold und *Schwarzes Gold*[69] an die Équipe Cousteau geschickt«, erinnert sich Jacques Renoir. Mit derselben Post schlägt er Bernard Delemotte und Éric Bornes vor, die ihm bei den Unterwasseraufnahmen assistieren sollen. Sagt seine Synopsis zu? Wird die Wahl seiner Crew von der Équipe Cousteau gutgeheißen? Das lässt sich nicht in Erfahrung bringen. Mehrere Wochen lang versucht Jacques Renoir erfolglos, Francine telefonisch zu erreichen. Dann meldet sich Grégoire Koulbanis bei ihm. Auf der Internetseite der Équipe Cousteau wird dieser ständige Mitarbeiter in der Équipe Cousteau als diplomierter Humanbiologe und UNESCO-Kontaktperson genannt. Am 19. Mai 1998 hinterlässt Koulbanis eine Nachricht auf dem Anrufbeantworter von Jacques Renoir und kündigt ihren Aufbruch zu Vorbereitungen am Drehort an. Achtundvierzig Stunden später soll es losgehen. Der Regisseur ist perplex und ringt sich dazu durch, noch am selben Tag ein Fax an Francine Cousteau zu schicken. »Ich muss zugeben, dass ich ziemlich erstaunt bin«, schreibt Renoir, »auf meine Briefe, mein Fax und mehrfache Anrufe hin habe ich keine Antwort von Ihnen bekommen. Ich halte es für überaus wichtig, dass ich noch vor der Abreise Klarheit über bestimmte wesentliche Punkte bekommen. [...] Bitte glauben Sie mir, dass mein beharrlicher Versuch, Sie zu erreichen, allein in der Absicht geschah, wirklich einen hochwertigen Film zu drehen und nicht deshalb, weil ich Vertrags- oder Honorarfragen mit Ihnen erörtern wollte, die für mich zunächst noch zweitrangig sind.« Renoir schließt seine Nachricht mit dem folgenden, prophetischen Satz: »Die Qualität des Drehortes ist entscheidend dafür, wie gut die Dreharbeiten verlaufen!«

Dieser Ansicht scheint Francine Cousteau, die die Vorbereitungen von Etappe zu Etappe beaufsichtigt, allerdings nicht zu sein. In einem Fax an Grégoire Koulbanis vom 28. Mai 1998 fasst sie zusammen, wie ihre Philosophie für den Film aussieht, der über die Expedition ins Kaspische Meer berichten soll. »Wir wollen Qualität, Originalität,

---

69 Der erste Begriff bezieht sich auf die Störe, der zweite auf das Erdöl im Kaspischen Meer.

Seltenheitswert und Geschichten«, schreibt sie. »Erst dann werden wir über den Film entscheiden, der abhängig von der durchgeführten Mission und der Botschaft, die wir vermitteln wollen, gedreht wird. Aus diesem Grund entwickeln wir kein Drehbuch, sondern belassen es bei einer Vorbereitung der Dreharbeiten. Ich möchte Sie an die Worte des Kommandanten erinnern: ›Wenn ich wüsste, was ich finde, würde ich nicht hinfahren.‹ Wir wollen nicht in diese Falle tappen. Wir machen Filme über Forschungsreisen, keine Dokumentarfilme.« Das sind befremdliche Worte, denn die meisten Filme, die Jacques-Yves Cousteau gedreht hat, wurden vorher mit einem »Storyboard« gründlich vorbereitet. Dieses Dokument gibt wie ein Verzeichnis den roten Faden vor und legt die einzelnen Szenen ausführlich dar, was für den Aufbau einer Geschichte von 26 oder 52 Minuten unverzichtbar ist. »Während der Dreharbeiten zu *Die schweigende Welt*«, erinnert sich Albert Falco, »schrieb Louis Malle jeden Abend die Szenen, die wir am nächsten Tag drehen sollten. Nichts war improvisiert. Jede Sequenz schloss passgenau an die vorausgehende an. Malle war ein professioneller Filmemacher, er überließ überhaupt nichts dem Zufall.« Am 1. Juni 1998 ist Jacques Renoir wieder in Paris. Um 9 Uhr morgens erscheint er in den Büroräumen der Équipe Cousteau, um Bericht zu erstatten. Als er das Büro des Generalbeauftragten Jean-Emmanuel Piettre betritt, schaut ihn dieser mit großen Augen an. Renoir verkündet ihm, dass er gerade zehn Tage im Kaspischen Meer verbracht hat, um die Drehorte für den Film über die nachfolgende Expedition ausfindig zu machen.

Piettre fällt aus allen Wolken. Niemand hatte ihn davon in Kenntnis gesetzt. »Man hat Sie ohne Arbeitsvertrag und Versicherung ins Ausland reisen lassen?« Er wird unruhig. »Aber das ist enorm gefährlich!« »In diesem Augenblick hat Francine kurz den Kopf ins Büro von Piettre gesteckt«, erinnert sich Renoir. »Ich sagte ihr, dass ich sie zu sprechen wünschte.« »Nein, heute Morgen nicht, ich habe keine Zeit«, sagt sie und wendet sich zum Gehen.

Jacques Renoir verliert die Fassung. Er hat genügend Demütigungen eingesteckt. »Da es jetzt so weit gekommen ist, richten Sie bitte Francine Folgendes aus«, weist er Piettre an, als er das Büro verlässt.

> »Ich habe zehntausend Kilometer für sie zurückgelegt und ich bedaure es sehr, dass sie nicht die letzten fünf Meter schafft, die wir noch brauchen, um uns zu treffen.«

Renoir wird den Film über die Expedition ins Kaspische Meer nicht machen.

Didier Noirot, der mehr als zehn Jahre bei Cousteaus Expeditionen dabei war, wird ihn ersetzen. Ein professioneller Kameramann, der für die Qualität seiner Unterwasseraufnahmen bekannt ist. Aber er ahnt nicht, in welches Wespennest er sich setzt, als er die Nachfolge von Renoir antritt. Schon als die *Flight Cases* ankommen, die das Drehmaterial enthalten, fällt Noirot aus allen Wolken. Mehr als sechzig Kisten sind nach Bakou in Aserbaidschan transportiert worden. In einigen sind Daunenschlafsäcke mit Gänsedaunen[70]. Er entdeckt Lungenautomaten, die für die Tauchanzüge ungeeignet sind, und er ist erstaunt, keine Druckmesser zu finden, mit denen der Druck in den Sauerstoffflaschen reguliert werden kann. Was das mitgeschickte Schlauchboot betrifft, das lässt sich nicht zusammenbauen, weil wichtige Teile fehlen. Die Organisation der Expedition ist chaotisch, die kleinsten Details müssen improvisiert werden. Die Suche nach einem Drehort im Iran endet in einer Sackgasse, und das Drehteam fühlt sich völlig hilflos angesichts der Unzahl von Aufnahmen, die vorgesehen sind: Die Stör-Saison ist vorbei, die Baumwoll- und Teeernte hat auch schon stattgefunden, der Sardellenfang beginnt erst im Winter usw.

Wegen der mangelhaften Vorbereitung fängt die Expedition an zu bröckeln. Mitten in den Dreharbeiten muss die *Alcyone* den Iran verlassen – wegen eines Mobiltelefons, das in Bakou abzuholen ist. Das bedeutet eine Fahrt von vierundzwanzig Stunden. Schlimmer noch ist das Fehlen von Arzneimitteln, als das Taucherteam in Turkmenistan arbeitet. Verblüffend ist auch die Tatsache, dass der Leiter

70 Zum Zeitpunkt der Expedition (Juni 1998) beträgt die Durchschnittstemperatur am Kaspischen Meer 30 °C.

Simone Cousteau Ende der 1950er Jahre. *La Bergère* wird 40 Jahre ihres Lebens auf der Calypso verbringen. Ihre Mannschaft vergöttert sie und sie ist dort sehr glücklich (Privatsammlung).

OBEN: Cousteau mit seinem Sohn Jean-Michel. Nach dem Tod von Philippe Cousteau, seinem jüngeren Bruder wird er die treibende Kraft bei Expeditionen und Filmen, die die Calypso in
II · alle Winkel der Erde führen (Foto Bernard Deguy). UNTEN: Denis Martin-Laval war auf der Calypso einfach unverzichtbar. Er war Chirurg in Marseille bevor er als Expeditionsarzt bei Cousteau anheuerte. Er war es, der *La Bergère* bis zu ihrem Tod betreute (Privatsammlung).

Der Todeskampf der Calypso im Hafen von La Rochelle. Das Schiff wurde begeistert empfangen. Stadtverwaltung und Meeresmuseum waren bereit, sich an der Restaurierung zu beteiligen. Schließlich wird sie verhüllt, um den Zustand des berühmten Schiffes zu verschleiern. Langsam verrottet sie am Kai, während die Getreuen Himmel und Hölle in Bewegung versetzen, um sie zu retten (OBEN: © A. K. Kallouche/Sud-Ouest, UNTEN: © P. Couillaud/Sud-Ouest).

Dominique Sérafini hat die Expeditionen Cousteaus als Comic-Serie in 17 Bänden gezeichnet. Viele seiner Skizzen entstanden unter Wasser. Die Mannschaft bewunderte sein Talent und sein Können (Sammlung Sérafini).

OBEN: Peter Blake 1998 auf der Calypso. Der weltberühmte Segler sollte Nachfolger von Cousteau werden, fand aber keine gemeinsame Linie mit Francine Cousteau (Foto © P. Wallet/
VI · Gamma). UNTEN: Die Alcyone, benannt nach der Tochter des Windgottes Aeolus, war Cousteaus 2. Schiff. Sie wurde von Bernard Deguy entwickelt und auf einer Werft in La Rochelle gebaut (Foto Bernard Deguy).

OBEN: Falco (links) im Gespräch mit Sérafini. Albert Falco war die ganze Zeit über Cousteaus rechte Hand und eine der treibenden Kräfte für die Rettung der Calypso (Foto: Sammlung Sérafini). UNTEN: Seine spartanische Kajüte teilte er mit Denis Matin-Laval, dem Arzt der Mannschaft (Foto: © P. Couillaud/Sud-Ouest).

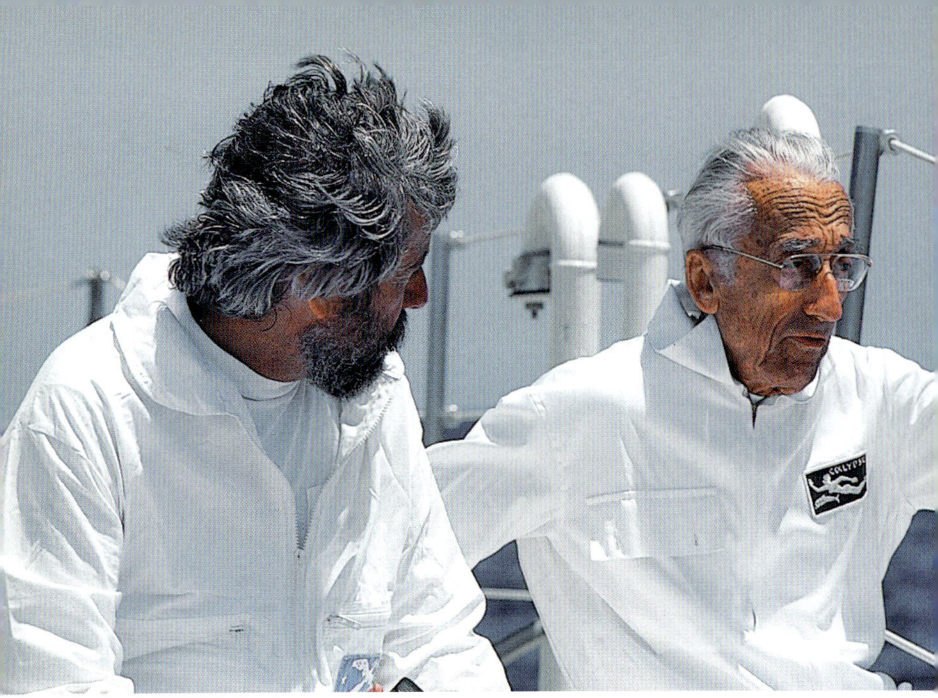

OBEN: Cousteau und sein Sohn Jean-Michel: Sie sind ein perfekt eingespieltes Team. Mit zunehmendem Einfluss von Francine Cousteau kommt es immer wieder zu Auseinandersetzungen (Foto Bernard Deguy). UNTEN: Cousteau begrüßt seine Frau Simone an Bord der Calypso – ein seltenes Bild, denn normalerweise war er es, der auf der ganzen Welt unterwegs war, während *La Bergère* das Leben auf der Calypso regelte (Foto Bernard Deguy).

der Expedition, Grégoire Koulbanis, es nicht für nötig erachtet hat, auf der Brücke der *Alcyone* eine Druckkabine[71] einbauen zu lassen, wo seine Taucherteams doch Szenen über den Sardellenfang in einer Tiefe zwischen fünfzig und siebzig Metern drehten. Bei seiner Rückkehr nach Frankreich fasst Didier Noirot die Expedition in einem Bericht zusammen, den er am 10. Oktober 1998 an Francine Cousteau schickt. Die Tinte, mit der er schreibt, ist wutgetränkt, und was er schreibt, offenbart eine Kette von Pannen, die ihn maßlos erbittern, aber auch klarer sehen lassen. »Wir können also von einem Misserfolg sprechen, denn wir haben den Film, der geplant war, nicht gedreht«, schreibt er als Einleitung. »Sie können mir glauben, Madame, dass ich den Verlauf dieser Expedition bedaure. In den zwölf Jahren, die ich dabei bin, habe ich noch nie ein solches Desaster erlebt!«, schreibt Didier Noirot weiter. Dann zieht er die Schlussfolgerung:

> »Es versteht sich von selbst, dass ich nach einer Expedition, wie wir sie in diesem Sommer erlebt haben, mit Monsieur Koulbanis nie mehr auf Expedition gehen und nie mehr einen Film mit ihm machen werde. Seien Sie dessen versichert.«

»Ein riesiges Fiasko, von Anfang bis Ende!«, fasst Bernard Deguy, Kapitän der *Alcyone*, zusammen. »Wir hatten nicht einen Wissenschaftler an Bord, sodass Forschungsarbeiten, die das Attribut »wissenschaftlich« verdient hätten, nicht durchgeführt werden konnten. Der Film ist eine Katastrophe geworden, aber daran war nicht das Drehteam Schuld. Wie soll man unter diesen Bedingungen auch arbeiten? Es gab kein Drehbuch, keine Synopsis, keinen Drehplan. Francine hatte uns ganz einfach gesagt: ›Die Équipe Cousteau dreht, was sie sieht‹ Das war unser ganzes Begleitszenario!« Bernard Deguy fügt hinzu: »Ich arbeite seit mehreren Jahren

---

71 Dieses Gerät ähnelt einem schmalen Sarg und macht es möglich, den Taucher im Falle eines Dekompressionsunfalls, der oft als Folge eines Tauchgangs in große Tiefe auftritt, zu »rekomprimieren« [d. h. einen Druckausgleich zu schaffen].

als Berater für die Filme von Jacques Perrin[72]. Kein Dreh beginnt ohne Drehbuch, oder mindestens ein Storyboard. Jeder Plan ist durchdacht und gründlich erarbeitet. Es reicht nicht, eine Kamera laufen zu lassen und dann zu behaupten, man drehe einen Dokumentarfilm.«

Hedwige Bienvenue nimmt in Paris die ersten Filmspulen von den Dreharbeiten im Kaspischen Meer in Empfang. Sie ist am Boden zerstört, als sie auf dem Schneidetisch die ersten Arbeitskopien begutachtet: Einige Bilder von der Fahrt auf der Wolga, vom Passieren der Schleusen, ein oder zwei folkloristische Feste, ziemlich uninteressante Unterwasseraufnahmen. Peter Blake seinerseits scheint sich auf den Bildern, die sie sichtet, außergewöhnlich zu langweilen. Mit einer roten Mütze auf dem Kopf lässt der vermeintliche Nachfolger von Kommandant Cousteau seine Augen über das Meer schweifen, weil er nicht weiß, wie er sich vor der Kamera verhalten soll. »Einen Film oder einen Dokumentarfilm zu machen, das heißt eine Geschichte erzählen, mit einem Anfang und einem Ende«, erklärt Hedwige Bienvenue. »Die Zuschauer müssen in das Abenteuer förmlich hineingezogen werden. Alle Filme, die Cousteau gemacht hat, wurden nach diesem Prinzip gedreht und geschnitten, auch wenn die Wirklichkeit manchmal ein bisschen arrangiert werden musste. Aber hier gab es gar nichts, wo man hätte ansetzen können. Keinen roten Faden, keinen Leitgedanken, nur eine Folge von Bildsequenzen ohne inneren Zusammenhang. Ich habe sofort Francine verständigt und ihr gesagt, dass ich mit diesem Rohmaterial überhaupt nichts anfangen konnte.«

Was auf die Dreharbeiten folgt, bestätigt den ersten Eindruck von Hedwige Bienvenue. Der geplante 52-Minuten-Film schrumpft zu einer Vorschau von zehn Minuten zusammen! Kein Fernsehsender wird diesen schlampigen Beitrag kaufen. Wegen mangelnder Vorbereitung scheitert die erste Expedition nach dem Tod des Kommandanten also kläglich. Aus keiner einzigen der seither von der

72 Produziert von Galatée Films.

aktuellen Leitung der Équipe Cousteau finanzierten »Expeditionen« wurde jemals ein vollständiger Film.

»Eine schreckliche Verschwendung«, unterstreicht Bernard Deguy. »Zum ersten Mal hatten die beiden Anrainer des Kaspischen Meeres, Russland und der Iran, einem ausländischen Schiff die Erlaubnis erteilt, dieses Meer zu erforschen. Aber ohne jeden Plan und ohne einen Leitgedanken musste das Projekt unweigerlich scheitern. Das ganze Projekt ist schließlich auf den einfachen Expeditionsbericht zusammengeschrumpft, den Grégoire Koulbanis dann geschrieben hat.«

Dieser Bericht wird im Rahmen des UNESCO-Treffens, das vom 26. Juni bis zum 1. Juli 1999 in Budapest stattfand, ein einziges Mal besprochen werden. Was die Équipe Cousteau nicht daran hindert, das Folgende auf ihre Internetseite zu setzen: »Unser umfassendes Protokoll zum Kaspischen Meer ist aufgrund seiner Beobachtungen und auch wegen der Empfehlungen, die es ausspricht, für zahlreiche internationale wissenschaftliche Kolloquien maßgeblich geworden.«[73] Eine ungerechtfertigte Behauptung, denn dieses berühmte »Protokoll« bleibt für die Umweltpolitik der Anrainerstaaten des Kaspischen Meeres völlig wirkungslos.

Am 6. Dezember 2004 schlägt eine Meldung der französischen Presseagentur Agence France Presse Alarm: Astronomische Preissteigerung beim Kaviar. Der Journalist, von dem der Artikel stammt, schreibt: » Mehr als 90 % des auf dem internationalen Markt verfügbaren Kaviars stammt aus dem Kaspischen Meer, dem weltweit größten Binnenmeer. Die Stör-Bestände hier gehen in dramatischem Tempo zurück, und einige Arten, wie der schmackhafte Beluga oder der Osetra, stehen bereits vor dem Aussterben.« Aussterben! Diese schlimme Bedrohung sollte eine Organisation »betroffen machen«, die den Kampf für den Erhalt bedrohter Arten auf ihre Fahnen geschrieben hat. Inwiefern also ist das »Gutachten« der Équipe Cousteau überhaupt nutzbringend gewesen? Welche Empfehlungen hat sie gegeben, welche Aktionen vor Ort unterstützt oder finanziert, mit

73 In der Rubrik »Unsere Expeditionen« am 16. Dezember 2004.

denen ein Aussterben des Störs hätte verhindert werden können, das sich schon seit mehreren Jahren ankündigt hatte?

Peter Blake verfolgt trotz dieser zwiespältigen Erfahrung sein Ziel konsequent weiter. Auf dem Rückflug von Bakou, der letzten Station der Expedition am Kaspischen Meer, nach Frankreich arbeitet er sein zukünftiges Projekt für die Équipe Cousteau aus. Er beschreibt, was ihm für seine Arbeit vorschwebt. Die Entwicklung einer umweltpolitischen Leitlinie und die allgemeine Richtung, die im Umgang mit den Medien und in finanziellen Fragen eingeschlagen werden sollte. Das Ergebnis schickt er im folgenden Monat, am 24. Juli 1998, als 15-seitiges Fax an Francine Cousteau.

Blake kommt mehrmals nach Paris, um mit Francine die gemeinsamen Projekte zu besprechen. Im März 1999 fahren sie zusammen nach La Rochelle, um der *Calypso* einen Besuch abzustatten. Blake ist voller Ideen, er schlägt vor, die Yacht *Calysto*[74] zurückzukaufen und sie nach Neuseeland bringen zu lassen, um Werbung für die Aktionen der Équipe Cousteau zu machen, solange man auf den Bau der *Calypso II* wartet. In einem Brief an Francine Cousteau vom 15. März 1999 drängt Peter Blake auf eine schnelle Entscheidung für den Kauf der *Calysto*. »Die Zeit läuft, schreibt er in diesem 3-seitigen Fax. »Wenn es uns nicht gelingt, eine rasche Entscheidung zu treffen, bleibt keine Zeit für eine ausreichende Vorbereitung.« Wieder einmal lässt Francine Cousteau Peter Blake völlig im Ungewissen. Dennoch gelingt es ihm einige Monate später, sie von einer Beteiligung an der Übernahme der *Antartica*, dem Forschungsschiff von Jean-Louis Étienne, zu überzeugen.

Jean-Louis Étienne ist ein richtiger Draufgänger und einer der erfolgreichsten Forscher der letzten zwanzig Jahre: Vom Nordpol zum Südpol, von Grönland bis Patagonien, vom Erebus bis nach Spitzbergen. 1998 ließ er die *Antartica* bauen, das Schiff seiner Träume, das

---

74 Name der ehemaligen Privatyacht von Thomas Loël Guinness, dem Mäzen von Jacques-Yves Cousteau.

sich seinen Weg auch unter extremsten Bedingungen bahnen kann. Denn die *Antartica* ist ein Polarsegler, der für die Fahrt im Eismeer entwickelt wurde. Die Konstruktion stammt von Luc Bouvet und Olivier Petit. Der Rumpf ist rund und flach und zusätzlich verstärkt und ermöglicht so dem Schiff, dem Druck des Packeises auszuweichen und auf das Eis zu gleiten, etwa so wie ein Olivenkern, den man zwischen Daumen und Zeigefinger einklemmt. Als Jean-Louis Étienne im September 1999 von seiner Spitzbergen[75]-Expedition zurückkehrt, erhält er ein von Francine Cousteau unterschriebenes Fax, in dem sie ihn bittet, die *Antartica* bis in den Hafen von La Rochelle zu bringen. »Ich fand das eigentlich anmaßend«, sagt mir Jean-Louis Étienne, »sie war nicht die Eigentümerin des Schiffes und hat mich mit einem gewöhnlichen Fax aufgefordert, es ihr zu überlassen! Zu diesem Zeitpunkt hatte sie mich noch nicht einmal angerufen, um mit mir über diesen Verkauf zu sprechen.« Und er fährt fort: »Das ist typisch für Leute, die vom Meer keine Ahnung haben. Sie hatte überhaupt nicht verstanden, wie wichtig dieses Schiff für mich war. Die *Antartica* war mein Leben, und sie glaubte, darüber verfügen zu können wie über ein Gebäude oder ein Auto. Das zeugt von einem völligen Mangel an Einfühlungsvermögen für die Menschen, die auf dem Meer zu Hause sind und für die Beziehung, die zwischen ihnen und dem Schiff besteht, das ihr Leben geprägt hat!« Also antwortet der berühmteste französische Meeresforscher nicht auf die Nachricht. Er wartet ab, bis die Équipe Cousteau offiziell an ihn herantritt und beginnt erst dann mit Verhandlungen über den Verkauf seines Schiffes. Die Cousteau Society zahlt einen Teil der Kaufsumme für die *Antartica*, der andere wird von Peter Blake über eine Investmentgesellschaft auf Jersey beglichen, von der einer seiner Freunde Aktien hält. »Als ich Peter Blake kennenlernte, haben wir uns auf Anhieb verstanden. Wir wussten, wovon der andere redet, erzählt mir Jean-Louis Étienne. Wir fühlten uns sehr verbunden. Wir hatten die gleichen Bücher gelesen

---

75 Spitzbergen ist die Hauptinsel der norwegischen Svalbard-Inselgruppe. Eins der nördlichsten Gebiete der Welt, das zwischen dem 76. und dem 80. Breitengrad, genau in der Mitte zwischen dem Nordkap und dem Nordpol liegt.

und unsere Überzeugungen und Maßstäbe stimmten überein.« Als die Équipe Cousteau aber einige Monate danach offizieller Besitzer der *Antartica* wird, ist Jean-Louis Étienne nur noch eine »quantité négligeable«, eine zu vernachlässigende Größe. »Das war in Camaret«, erinnert er sich. »Francine hatte eine große Feier ausgerichtet, auf den Kais wurden rote Mützen verteilt. Mich haben sie nicht einmal eingeladen, dabei zu sein, als mein Schiff auslief.«

Peter Blake kann jetzt über die *Antartica* verfügen. Er stellt sie in den Dienst der Blake Expeditions, einer von ihm im neuseeländischen Auckland gegründeten Gesellschaft. Er verbringt seine Zeit teils in London, teils in seinem Heimatland, wo der nächste America's Cup ausgetragen wird, den er verteidigen soll. Viel Arbeit für einen einzelnen Mann. Aber Peter Blake war zu diesem Zeitpunkt die einzige Person, die in der Lage war, die Zukunft der Équipe Cousteau zu schultern. »Wir haben wirklich daran geglaubt«, erinnert sich Henri Jacquier.

> »Blake galt als legitimer Nachfolger des Kommandanten. Er war ein leidenschaftlicher Umweltschützer, und für viele von uns war er der Wunschkandidat. Denn das bedeutete, dass wir wieder erhobenen Hauptes in der Öffentlichkeit auftreten würden!«

Ein frommer Wunsch. Wegen einer für Francine äußerst unangenehmen Angelegenheit wird Blake im Herbst 1999 zu Hilfe gerufen. Die Mitglieder einer Cousteau-Expedition im Sankt-Lorenz-Golf werden beschuldigt, während ihrer Dreharbeiten brutales Verhalten gegenüber Walen an den Tag gelegt zu haben. Der Skandal geht um die ganze Welt. Auf Bildern[76] sieht man, wie ein Schlauchboot der Équipe Cousteau auf eine Herde von Walen zujagt, die aufgetaucht sind und ihre Kreise drehen. Auf Radio Canada erklärt die Naturfor-

76 Am 8. September 1999 gedreht und im Internet auf der Seite des Magazins *Québec Sciences* veröffentlicht.

scherin Chantal Sainte-Hiller: »Wir haben gesehen, wie ihre Boote mehrmals so aggressiv auf die Wale zufuhren, dass sie ihnen wortwörtlich auf den Rücken gestiegen sind. Das waren keine Dreharbeiten, sondern eine Verfolgungsjagd und ein Angriff auf die Wale des Sankt-Lorenz-Stromes.«[77] Michel Plamandon, der Sprecher von *Pêches et Océans Canada*[78], dem kanadischen Meeres-Ministeriums, fügt hinzu: »Seit einigen Tagen wird uns von Dutzenden kanadischer und französischer Touristen, von Schiffskapitänen, von Seeleuten, Meeresforschern und Servicepersonal der Kreuzfahrtschiffe berichtet, dass sie Cousteaus Männer dabei gesehen haben, wie sie Meerestiere aufgescheucht, verfolgt und terrorisiert haben, die in der Einfahrt zum Fjord von Saguenay ihre Bahnen zogen. Ein trauriges und schockierendes Spektakel.« Die Beschwerden werden von der kanadischen Regierung für ausreichend seriös gehalten, sodass die Dreherlaubnis für die Équipe Cousteau zurückgezogen wird. Als die *Alcyone* am nächsten Tag im Hafen anlegt, wird sie per offiziellem Erlass von den kanadischen Behörden durchsucht, die anschließend Ermittlungen einleiten.

Francine Cousteau verteidigt ihren Kapitän, Bernard Delemotte, den Leiter der Expedition auf dem Sankt-Lorenz-Strom. Sein Auftrag war es gewesen, einen didaktischen Dokumentarfilm zu drehen. *Pêches et Océans Canada* hatte eine Ausnahmegenehmigung erteilt und erlaubt, dass die Kameraleute der *Alcyone* sich den Walen, die sie filmen wollten, bis auf weniger als zweihundert Meter nähern durften. »Bernard Delemotte ist ein alter Gefährte des Kommandanten. Er wäre nicht in der Lage gewesen, den Walen eine auch noch so kleine Grausamkeit anzutun«, erklärt Francine Cousteau. Sie fügt hinzu: »Wir sind Opfer unserer Neugierde geworden. Sie stört diejenigen, die ihr Geld mit dem Tourismus verdienen.«[79] Angriff ist die beste Verteidigung. Eine schmutzige Affäre! Eine hoch angesehene Organisation, die sich dem Schutz unseres Planeten und

---

77 Das Interview wird in der *Libération* vom 11. September 1999 zitiert.

78 Dt. »Meere und Fischfang Kanada«

79 Ibid.

der Weltmeere verschrieben hat, steht im Verdacht, Jagd auf Wale zu machen. Sofort wittern die führenden Köpfe der Équipe Cousteau die Gefahr. Francine nennt den Feind beim Namen: Es sind die Anbieter von Kreuzfahrten, die täglich Hunderte von Passagieren an Bord nehmen, die die Wale im Sankt-Lorenz-Golf beobachten wollen.[80] Die Polemik um die »Cousteau-Methoden« wird lauter. Einige Artikel erinnern an die bittere Biografie des Amerikaners Richard Munson, der den Kommandanten beschuldigt hatte »Wale zu jagen, zu harpunieren und zu quälen, um an aufregende Bilder zu kommen.« Francine hält den Kurs und steuert durch den Sturm. Sie unterzeichnet eine Verlautbarung[81], in der es heißt: »Mit Bestürzung sehe ich, mit welcher Leichtigkeit Bilder, die mit Sicherheit nicht beweiskräftig sind, die Oberhand bekommen haben sollen über das ernsthafte Anliegen eines Teams von Wissenschaftlern, dessen internationaler Ruf seit über dreißig Jahren tadellos ist.« Aber sie lässt Vorsicht walten und fügt hinzu: »Wenn es sich erweisen sollte, dass es zu bedauerlichen Handlungen gekommen ist, werden wir die notwendigen Maßnahmen ergreifen.«

Der Schlussstrich unter diese Angelegenheit wird ein Jahr später gezogen: Im offiziellen Kommuniqué der kanadischen Regierung endet eine ausgefeilte Erklärung mit dem Verzicht auf weitere Verfolgung der Équipe Cousteau. Auf Bernard Delemotte greift Francine allerdings nie wieder zurück

Peter Blake hat die Entwicklung dieser hitzigen Affäre aus nächster Nähe verfolgt.

Trotzdem steht er weiter für den Leitungsposten bei der Équipe Cousteau zur Verfügung. Am 1. März 2000 fragt er bei Francine in einem Brief an, ob sie eine Fortsetzung ihrer Zusammenarbeit wünsche. Einige Wochen später trifft er sich nochmals mit ihr in Paris. Ein ergebnisloser Besuch. Peter fährt zurück nach London,

---

80 Auf Englisch heißt diese Beschäftigung, der dreihunderttausend Touristen pro Jahr in dieser Region frönen, *Whale Watching*.

81 Vom 10. September 1999.

ohne dass es ihm gelungen wäre, sich mit der Präsidentin der Équipe Cousteau zu einigen. Er ist des ständigen Aufschiebens müde und verfasst am 29. Juni 2000 einen Brief, in dem er seine Trennung von der Équipe bekannt gibt.

> »Offenbar verfolgen wir zwar ganz ähnliche Ziele in Fragen des Umweltschutzes, befinden uns aber, was die Beurteilung der Mittel anbetrifft, die zur Erreichung dieser Ziele eingesetzt werden sollen, in einem deutlichen Dissens«,

schreibt er. »Ich möchte hier nicht auf die Meinungsverschiedenheiten zu sprechen kommen, über die wir uns bei verschiedenen Gelegenheiten wiederholt auseinandergesetzt haben. Ich bin sehr enttäuscht von dieser Entwicklung, muss aber auch daran erinnern, dass es mein Ziel ist, zukünftig mit der Cousteau Society, der meine höchste Wertschätzung gilt, zusammenzuarbeiten.« Welch gewählte Ausdrucksweise. Bernard Deguy bemerkt abschließend: »Peter hatte überhaupt nicht verstanden, was für ein Spiel da gespielt wurde. Ihm war es ernst und er wollte seiner Verpflichtung bis zum Ende nachkommen. Nicht einen Augenblick lang hat er damit gerechnet, sie könnte ihn auf den Arm nehmen.« Einige Monate später verteidigt Peter Blake seinen Pokal in Auckland. In seiner Heimat, auf einer Wasserfläche, die er perfekt beherrscht, und an Bord eines sehr schnittigen Schiffes ist er im Finale des America's Cup 2000 dem italienischen Herausforderer Prada haushoch überlegen. Er gewinnt alle Regatten. Damit hat der den zweiten Cup in der Tasche. Es ist Zeit für einen Tapetenwechsel. Zu weiten Reisen und Expeditionen im Dienste der Erforschung unserer Umwelt aufbrechen, das ist jetzt seine Sache.

Die feuchte Luft klebt auf der Haut. Sir Peter Blake ist an Bord der *Antarctica*, die in *Seamaster* umbenannt wurde, und hat im schlammigen Wasser der Amazonasmündung einen Ankerplatz für sein Schiff gefunden. Gerade ist eine zweimonatige Expedition zu Ende gegangen, während der man die Bedrohung untersucht hat, die von den Aktivitäten des Menschen für diesen großen, ökologisch geschwächten Fluss ausgehen.

Wir schreiben den 6. Dezember 2001. Es ist ungefähr zehn Uhr morgens.

Pippa hat ihren Mann seit mehreren Wochen nicht gesehen. Wie jeden Tag hat sie in London ihre beiden Kinder zur Schule in der Nachbarschaft gefahren.

Achttausend Kilometer entfernt sind angespannte Piraten im Begriff, ein krummes Ding zu drehen. Geräuschlos nähern sich vier maskierte Männer auf einem kleinen Boot einem still vor Anker liegenden Schiff.

Pippa hat sich eine Tasse Tee gemacht, trinkt ihn, während sie die Schlagzeilen einer englischen Boulevardzeitung überfliegt.

In der Absicht, das Segelschiff zu plündern, steigen die vier Verbrecher an Bord der *Seamaster.* Sie halten die Schiffsbesatzung mit ihren Waffen in Schach. Peter Blake geht dazwischen, einer der Angreifer schießt. An Bord bricht Panik aus.

Pippa lächelt, als sie an ihren Mann denkt. In vierzehn Tagen wird er wieder bei ihr in London sein, dann werden sie zusammen mit den Kindern nach Neuseeland fliegen, wo sie die Ferienzeit verbringen wollen.

Auf Peters Brust breitet sich ein dunkler Fleck aus. Er ringt nach Atem, das Blut färbt sein T-Shirt rot. Im Verlauf des Durcheinanders werden zwei weitere Mitglieder der Crew verletzt. Mit Uhren, Kleinkram und einem kleinen Außenbordmotor suchen die Angreifer das Weite, wertloser Plunder.

Pippa setzt sich vor ihren Rechner, öffnet das E-Mail-Programm und schreibt eine Mail an eine Freundin in Neuseeland. Wie sollte sie in diesem Augenblick auf den Gedanken kommen, sie könnte Witwe geworden sein? Fernab von den Blitzlichtern der Fotografen wird Peter Blake, der Held eines ganzen Landes, der talentierteste aller Seefahrer und und der unwahrscheinliche Nachfolger von Kommandant Cousteau erschossen wie ein Hund – in einem Winkel Amazoniens, das er mit so viel Einsatz erforscht hatte.

Im Dezember 2001 erklärt sich Francine einverstanden, ein Interview mit der Tageszeitung *Sud-Ouest* zu führen, in dem man auch auf den mutmaßlichen Zwist zwischen ihr und Peter Blake zu sprechen kommt. »Es hieß, dass es Meinungsverschiedenheiten zwischen Ihnen gegeben hat. Wie steht es damit?«, fragt Thomas Brosset, der Journalist. Die Anwort kommt prompt:

> »Das stimmt nicht! Wenn Peter das Haus Cousteau verlassen hat, dann nur deshalb, weil er sich beim letzten America's Cup vertraglich an einen Sponsor gebunden hatte.«

Und sie führt aus: »Er wollte nur unter der Bedingung bei uns weitermachen, dass die Cousteau-Expeditionen unter seiner Leitung das Logo des Sponsors führen und Werbung für ihn machen würden. Das habe ich abgelehnt, denn ich weiß, der Kommandant hätte das nicht akzeptiert. Aber Ärger gab es überhaupt keinen.« Eine Antwort, die in mehr als einer Hinsicht staunen lässt. Denn die Équipe Cousteau legte nicht immer ein solches Berufsethos an den Tag, wenn es darum ging, ihre eigenen Expeditionen von einem Sponsor finanzieren zu lassen, jedenfalls nicht, wenn sie ihn in Eigenregie ausgesucht hatte.

Als die *Alcyone* zu einer Fahrt ins Rote Meer[82] aufbricht (Ende 2003 – Anfang 2004) wird die Expedition mehrere Wochen lang von dem

---

82 Die Mission der *Alcyone* und ihrer Crew: Die *Schweigende Welt* fünfzig Jahre nach den ersten Dreharbeiten mit Kommandant Cousteau ein weiteres Mal aufzusuchen. Das wissenschaftliche Alibi: Untersuchung der Entwicklung der Korallenriffe und ihrer Bewohner.

schweizerischen Uhrenhersteller IWC Schaffhausen finanziert. Von diesem Zeitpunkt an erscheint das international tätige Unternehmen regelmäßig in den externen Nachrichten der Équipe Cousteau.

Am 29. April 2004 empfängt Francine Cousteau ganz Paris anlässlich der Vernissage der Fotoausstellung *Engineers of the Sea*. Die Einladungskarten, die an Dutzende von Prominenten und an einige Journalisten gehen, nennen allerdings das mächtige Unternehmen IWC als Gastgeber. Die Pressemitteilungen, in denen die Abendveranstaltung angekündigt wird, tragen ebenfalls den Briefkopf von IWC, und es wird auch nicht versäumt, die außergewöhnliche Qualität der Uhren aus der schweizerischen Manufaktur zu bewerben. So ließt man: »Unter Nutzung aller verfügbaren technischen Ressourcen hat IWC unter dem Namen Aquatimer eine neue Generation von Taucheruhren entwickelt, die während der ganzen Expedition [im Roten Meer] von den Tauchern [der Équipe Cousteau] getragen wurden.« Und schließlich taucht IWC unter der Rubrik »Unsere Partner« auch auf der Internetseite der Équipe Cousteau auf. Peter Blake ist hier schon lange nicht mehr zu finden. Selbst unter Aufbietung aller seiner Kräfte wäre es ihm vermutlich nicht gelungen, jemals mit der Cousteau Society zusammenzuarbeiten. Aber es ist nicht zu übersehen, dass Francine Cousteau sich lange auf den Ruf dessen verlassen hat, der die »gutgemachte Vorspiegelung« eines Partners war, um die Kassen ihrer Gesellschaften zu füllen. Francine Cousteau erklärt dem *Point*[83]:

> »Peter Blake bringt problemlos 30 oder 40
> Millionen Dollar für den America's Cup zusammen.
> Dasselbe wird er dann später für uns tun.«

So sah das nüchterne Kalkül aus, das auch noch gefühllos verkündet wurde. Das vollständige Missverstehen zwischen dem größten Seemann der Welt und der zweiten Frau von Kommandant Cousteau

83 Das Interview mit Christophe Deloire wurde am 18. Juni 1999 im Magazin *Le Point* veröffentlicht.

erfährt hier eine wundersame Deutung. Im Augenblick gibt es nur eine Losung: Im Unwetter den Kurs halten! Denn es ist schon ein heftiger Windstoß, der die Équipe Cousteau nach dem Tod von Peter Blake trifft. Wie und durch wen kann man ihn ersetzen, wo man seinen Ruf bis zum Letzten ausgereizt hat? Francine beißt die Zähne zusammen, beweist einen eisernen Willen und setzt alles daran, die Mitglieder ihrer Gesellschaften zu beruhigen. Zu diesem Zweck wird sie auch weiterhin die unter ihrer Herausgabe erscheinenden Veröffentlichungen zur Imagepflege nutzen. So ist sie auf den Seiten der Zeitschrift *Calypso Log*[84] dreizehn Mal auf Fotos zu sehen, auf der Titelseite drückt sie Kofi Annan die Hand, und auf der Rückseite posiert sie auf der Brücke der *Alcyone* neben achtzehn Jungen und Mädchen, die mit roten Mützen ausstaffiert sind. Aber jenseits der Bilder, die die Wogen glätten sollen, und beschwichtigender Worte breitet sich ein Buschfeuer in der Équipe Cousteau aus.

Die letzten Mitarbeiter des Kommandanten sind alle gegangen. Neue Gesichter geben den Ton an, deren Begeisterung ihre Unerfahrenheit in Belangen des Umweltschutzes und auf dem Gebiet der Seefahrt und der Meeresforschung nicht verbergen kann.

Und wieder steht Francine Cousteau in der ersten Reihe.

---

84 Nr. 208-209, November-Dezember 2001.

KAPITEL 8

Allein am Ruder

Ein eiskalter Januarmorgen 1998 in Paris.

Jean-Emmanuel Piettre bezieht sein neues Büro in einem Stadtpalais des 16. Arrondissements. Dichter Teppichboden, hohe Decken, Assistentinnen, die sich geräuschlos bewegen in einer Geschäftsstelle, die sich auf mehrere Etagen über einige Hundert Quadratmeter erstreckt. Francine hat Piettre als Generalsekretär für ihre französische Gesellschaft eingestellt. Mitarbeiter im Hauptsitz der Équipe Cousteau – damit erfüllt sich für ihn ein Lebenstraum. Ob Piettre der richtige Mann ist, der die Finanzen wieder in Ordnung bringen kann? Der ehemalige Unternehmensberater verfügt über solide Erfahrungen auf dem Gebiet des Fundraising. Er übernimmt die meisten Akten von Henri Jacquier, dem ehemaligen Finanzdirektor, der noch häufig auf den Fluren der Gesellschaft zu sehen ist, obwohl Francine ihm keinerlei Aufgaben mehr überträgt. Voll Enthusiasmus tritt Jean-Emmanuel Piettre seine neue Stelle an. Er verfolgt die Überführung der *Calypso* von Marseille nach La Rochelle aus der Nähe mit großer Sorgfalt und wendet sich in einem Mailing an 30 000 Mitglieder mit der Bitte, in die Tasche zu greifen und zur Rettung des Schiffes beizutragen. »Zweitausend Personen haben sich dazu bereit erklärt«, erinnert sich Piettre, »also weniger als 10 Prozent von denen, die angeschrieben wurden. Damit lässt sich keine Restaurierung in Angriff nehmen.« Offenbar kann man die Mitglieder mit dem Hinweis auf das Schicksal der *Calypso* nicht mobilisieren.

Aber die Équipe Cousteau hat schon
ein weiteres Dossier in der Schublade.
Der Deckname: *Calypso II.*

Jean-Emmanuel Piettre übernimmt von seinem Vorgänger die Aufgabe, die für den Bau dieses revolutionären Schiffes notwendigen Geldmittel zu beschaffen. Zunächst kann er einige Zulieferer gewinnen. Für die Bootsausrüstung und die Motoren werden Spezialfirmen beauftragt. Ein 3-D-Modell des Schiffes entsteht und in den Versuchsbecken laufen erste Tests. Ein gigantisches Projekt: Das zukünftige Forschungsschiff der Équipe Cousteau wird fast doppelt so lang sein wie sein Vorgänger, die *Calypso*. Das Gesamtbudget wird mit 150 Millionen Franc[85] veranschlagt, eine gewaltige Summe! Jean-Emmanuel Piettre sucht nach Finanzierungswegen und lässt seine Verbindungen spielen. Mit einer Tochterfirma von Yves Rocher[86], der Firma Daniel Jouvence pflegt er besonders enge Kontakte. Daniel Jouvence hat sich auf den Verkauf von Kosmetikprodukten aus Mikro-Algen spezialisiert. Eine Geschäftsverbindung mit der Équipe Cousteau würde ausgezeichnet in den vom Unternehmen anvisierten Werbeauftritt passen. Der Firmenchef Daniel Jouvence und eine enge Mitarbeiterin, Françoise Stephan, treffen sich mehrmals mit Francine Cousteau, um abzustimmen, wie ihre geschäftliche Annäherung konkret aussehen und schließlich wie sich ihre Zusammenarbeit gestalten soll.

---

85 22 Mio. Euro.

86 Internationale tätige Kosmetik-Firma.

Françoise Stephan erzählt: »Drei Jahre lang, von 1996 bis 1999, gingen 10 % des Verkaufspreises unseres Eau de parfum *Gaïa* an die Équipe Cousteau. Unsere Kunden wussten, dass sie mit ihrem Kauf das Lebenswerk des Kommandanten unterstützen.«

Daniel Jouvence erfüllt gewissenhaft die Vereinbarung mit der Équipe und schüttet annähernd eine Million Franc[87] aus, die für den Bau der *Calypso II* bestimmt sind. Das erste Aluminiumblech dieses Schiffes wartet allerdings heute noch darauf, verschweißt zu werden. Dann bröckelt die Geschäftsbeziehung. Da Francine nichts mehr von sich hören lässt, wenden sich die Manager der Kosmetikgruppe in einem Schreiben an sie, und erkundigen sich nach der Verwendung des Geldes. Die Präsidentin der Équipe Cousteau legt ihnen verschiedene Versionen vor. Zunächst heißt es, die Summe werde auf einem Sonderkonto für den Bau der *Calypso II* gesperrt gehalten. Dann kommt der Hinweis, das Geld werde in den Unterhalt der *Alcyone* gesteckt. Diese Erklärungen genügen Daniel Jouvence nicht. »Monsieur Jouvence hatte sich in La Rochelle vom beklagenswerten Zustand der *Calypso* überzeugen können«, erinnert sich Françoise Stephan. »Es wäre ihm lieber gewesen, wenn unsere finanzielle Beteiligung in die Instandsetzung des Schiffes geflossen wäre, das die Erinnerung an den Kommandanten am Leben hält. Und das haben wir auch Francine vorgeschlagen!« Ein Wunsch, der kein Gehör finden wird. Von Francine Cousteau haben die Manager von Daniel Jouvence schon seit einigen Jahren nichts mehr gehört.

Zwei Jahre nach dem Tod von Jacques-Yves Cousteau steht seine Alleinerbin mit uneingeschränkten Machtbefugnissen an der Spitze der französischen und der amerikanischen Gesellschaft. Allerdings geraten alle Projekte ins Schlingern, und die finanzielle Situation der Équipe Cousteau wird von Tag zu Tag schwieriger. In La Rochelle gibt es von Francine kein Lebenszeichen mehr: Ein Treffen mit dem Bürgermeister liegt Monate zurück. Briefe von den Kommunalabge-

---

87 150 000 Euro.

ordneten, in deren Geschäftsbereich das Dossier *Calypso* fällt, werden nicht beantwortet.

Überall ziehen dunkle Wolken auf. In weniger als zehn Jahren, von 1990 bis 1999, hat das Anliegen Cousteaus bei den Spendern in besorgniserregendem Ausmaß an Beliebtheit eingebüßt. Die französische Gesellschaft ist regelrecht ausgeblutet. Sie schrumpft von 120 000 auf 30 000 Mitglieder. Die Cousteau Society in den Vereinigten Staaten erlebt einen ähnlichen Einbruch. Von vormals 320 000 zahlenden Mitgliedern bleiben nur 80 000 übrig. Und das heißt auch, dass nur noch ein Viertel der Mitgliedsbeiträge, also der ursprünglichen Einkünfte, zur Verfügung steht. Henri Jacquier sieht die Lage düster:

> »Wir waren nur noch ein Schatten
> unserer selbst. Es gab keine Projekte mehr,
> keine Expeditionen, keine Filme,
> die Gesellschaft war am Ende!«

Am 18. Mai 1999 wird Francine von den Wirtschaftsprüfern der Kanzlei Fiducinter alarmiert, die ihr nahelegen, den Verwaltungsrat zu einer außerordentlichen Dringlichkeitssitzung zusammenkommen zu lassen. Seit inzwischen drei Jahren hat die Équipe Cousteau ihre Bilanzen nicht mehr veröffentlicht. Und das aus gutem Grund. Katastrophale Zahlen hätten da offengelegt werden müssen. 1996 lag das Defizit bei 2,2 Millionen Franc! Und auch wenn für das Jahr 1997 ein leichter Gewinn von 800 000 Franc zu verzeichnen ist, scheut sich die Équipe Cousteau, ihre Bilanz für das Jahr 1998[88] bekannt zu machen, die ein Defizit von 6,2 Millionen Franc ausweist. Die ethisch-moralische Erbin des Kommandanten ist zahlungsunfähig. Die SCI, eine Immobiliengesellschaft und die Eigentümerin der Räumlichkeiten der französischen Cousteau-Gesellschaft, verklagt die Équipe Cousteau vor dem Gericht in Paris, um ein Insolvenzverfahren durchzusetzen. Durch den Umzug vom früheren Geschäfts-

88 Das Jahr, in dem die *Calypso* nach La Rochelle überführt wird.

sitz in die Avenue Kleber sind Mietrückstände von 1,8 Millionen Franc entstanden. Höchste Alarmstufe! Ein bis zum bitteren Ende geführter Prozess könnte das Aus für die Équipe Cousteau bedeuten. Am 4. Juni 1999 schlägt Francine Cousteau während einer Verwaltungsratssitzung einen letzten Schachzug vor: Die amerikanische Cousteau Society, deren Präsidentin sie ist, soll die *Alcyone* kaufen, den zurzeit einzigen Vermögenswert der französischen Équipe Cousteau, dem französischen Zweig ihrer Organisation. Die *Alcyone* wird auf einen Wert von 6 Millionen Franc geschätzt, eine Summe, die dem Defizit aus 1998 entspricht. Dank der amerikanischen Spender, die die Cousteau Society unterstützten, und mittels einer einfachen Bilanzverschiebung bringt Francine das Budget ihrer französischen Gesellschaft wieder auf die Beine. Ein Verfahren, das ihrer öffentlich eingegangenen Selbstverpflichtung klar zuwiderläuft, die besagt, dass »die Cousteau Society und die Équipe Cousteau zwei Organisationen und ihre Finanzen strikt getrennt sind.«[89] Einen Monat später, im Juli 1999, bekommt Henri Jacquier einen Anruf von Bob Steele, der Nummer zwei der Cousteau Society. Mit großer Begeisterung verkündet ihm Steele, dass der Gesellschaft 2 Millionen Dollar vermacht wurden. Jacquier gibt dazu folgende Erklärung: »Im amerikanischen Recht gibt es, unter der Voraussetzung, dass das Geld später einem gemeinnützigen Verein vermacht wird, für eine wohlhabende Familie die Möglichkeit, einen Teil ihres Vermögens zu blockieren. Von diesem Augenblick an ist die Summe nicht mehr steuerpflichtig und beim Tod des Schenkers geht sie vollständig an die wohltätige Organisation.« Mit diesem Vermächtnis können sämtliche Schulden der Équipe Cousteau in Frankreich beglichen werden und sie gewinnt wieder festen Boden unter den Füßen. Trotz besserer Stimmung ist es für die Mitglieder schier unmöglich, sich über dieses höchst sensible Thema zu informieren: Die Équipe Cousteau, für gewöhnlich so versessen auf Medienrummel, hüllt sich monatelang in Schweigen. Henri Jacquier fügt hinzu: »Ab und zu wurden Bilanzen der Gesell-

89 Am 10. März 2005 wörtlich so auf der Internetseite der Équipe Cousteau gefunden.

schaft in der Zeitschrift *Calypso Log* veröffentlicht. Die angegebenen Zahlen wurden aber nie genau aufgeschlüsselt.«

Das amerikanische Recht dagegen erlaubt keinerlei betriebswirtschaftliche Schätzwerte für Organisationen, die die Großzügigkeit der Öffentlichen Hand in Anspruch nehmen. Dem inquisitorischen Fiskus zu entkommen, das gelingt niemandem: BBB Wise Giving Alliance[90] hat seine Augen überall. Die Einrichtung kontrolliert gemeinnützige Vereine in Amerika und bewertet ihr Funktionieren unter Zugrundelegung eines strengen Leistungsregisters. So stellt die BBB nach der Prüfung der Steuererklärung 2001 bei der Cousteau Society mehrere Mängel fest. Sie legt dar, dass diese Erklärung »im Organigramm den Direktionsrat unberücksichtigt lässt, ebenso wie die Finanzaktionen, das Jahreseinkommen und die Absetzbarkeit der Beitragszahlungen.« Der Bericht zeigt weiterhin, dass »die Cousteau Society nach ihrer eigenen Darstellung 53 % ihrer Einkünfte, d. h. 1 771 151 Dollar für Fundraising und Verwaltungskosten ausgegeben hat.« Auch dieser Betrag zeugt von einer eindrucksvollen Abweichung von dem, was für eine Organisation ihres Typs üblich ist. Die meisten gemeinnützigen Vereine versuchen, ihre Verwaltungskosten bei 20 bis 25 % ihres Gesamtbudgets zu halten. Wenn sie darüber hinausgehen, beißt sich die Schlange in den Schwanz. Bei 53 % Gemeinkosten werden die Ausgaben für Löhne und Gehälter und die Mitgliederwerbung nicht einmal von der Hälfte der Geldmittel der Organisation gedeckt. Schließlich stellt die BBB auch fest, dass die Zusammensetzung des Aufsichtsrates der Cousteau Society einen Missbrauch seiner Machtbefugnisse darstellt. Drei der sechs Mitglieder beziehen direkt oder indirekt ein Gehalt von der Gesellschaft: Die Präsidentin Francine Cousteau, ihre Tochter Diane – die von ihr einen Direktorentitel erbt – und Bob Steele, der Finanzdirektor. Das amerikanische Gesetz ist aber an dieser Stelle eindeutig: Es dürfen nur 20 % der Mitglieder des Aufsichtsrates bezahlt werden. Diese weit überschrittene Marge lässt erkennen, dass eine klare Trennung zwischen Gehaltsempfängern und Aufsichtsratsmitgliedern fehlt.

---

90 Internetadresse: www.give.org.

Es gibt aber noch weitere Überraschungen.

Die beiden jüngsten Steuererklärungen[91], die die Cousteau Society in den USA abgegeben hat, lassen auch die Vermutung zu, dass die Spendengelder nicht so verwendet werden, wie es eigentlich sein sollte. Sieht man sich das Jahr 2002 genauer an, so überrascht an allererster Stelle die Summe von 146 836 Dollar, mit der das Gehalt von Francine Cousteau als Präsidentin der Cousteau Society beziffert wird. Wenige Zeilen darunter erfahren wir, dass die amerikanische Gesellschaft über 750 000 Dollar für die Honorare der beiden Anwaltskanzleien in New York und Los Angeles ausgegeben hat. Eine enorme Summe, mit der eine ganze Flut von Prozessen finanziert wird, nicht zuletzt der gegen Philippe-Pierre und Alexandra, die Enkel des Kommandanten, und ihre Mutter Janice Cousteau.

Nach Jean-Michel Cousteau müssen sich auch die direkten Erben von Jacques-Yves Cousteau vor amerikanischen Gerichten streiten, um ihren Familiennamen uneingeschränkt benutzen zu können. Zum Gedenken an Philippe[92] wollten seine Ehefrau und seine beiden Kinder in Florida eine Philippe-Cousteau-Stiftung gründen. Eine Erklärung seines Sohnes Philippe-Pierre wird 2001 in der amerikanischen Zeitschrift *Depth Finder* abgedruckt: »Für mich ist mein Vater noch immer gegenwärtig. Meine Schwester Alexandra teilt dieses Gefühl mit mir […] Aus diesem Grund haben wir die nach ihm benannte Stiftung gegründet.«

> »Mein ganzes Leben lang wusste ich,
> dass ich die Arbeit meines Vaters fortsetzen
> und die Einstellung, die die Triebfeder
> seines Handelns war, weiterleben lassen würde.«

---

91 Das obligatorische Formular (Form 990) wird jährlich von jeder *non for a profit organization* ausgefüllt; ihr entspricht im deutschen Recht die »gemeinnützige Gesellschaft«.

92 Der jüngere Sohn des Kommandanten kam bei einem Wasserflugzeugunfall ums Leben.

Das Projekt der beiden Enkel von JYC wird auf einer Internetseite veröffentlicht. Als Unterrichtsmaterial für die Schulen in Florida wird ein erster Film produziert: *Reise in die Everglades.* Alexandra und ihr Bruder treten in Kontakt mit einem ozeanografischen Forschungsinstitut[93]. Sie geben in der Öffentlichkeit ihre Absicht bekannt, sich für den Umweltschutz einzusetzen. Zur Erforschung der Walhaie ist eine erste Expedition nach Honduras geplant. Die Geschwister kündigen ein Korallenschutzprogramm an sowie eine Kampagne zur Markierung einer bedrohten Schildkrötenart in Costa Rica.

Ihre Begeisterung ist nur von kurzer Dauer.

Kaum hat Francine von der Gründung der Stiftung Philippe Cousteau erfahren, beauftragt sie auch schon eine New-Yorker Anwaltskanzlei mit der Vertretung ihrer Interessen[94] und setzt die erste Familie ihres Mannes unter Druck. Außerdem wendet sie sich noch an einen Rechtsanwalt in Miami, Joel Hirschhorn, der sich seine Arbeit mit 600 Dollar[95] pro Stunde honorieren lässt. Auf die Fragen eines Journalisten des *Miami Herald* stellt Hirschhorn klar, dass die Cousteau Society im Laufe von zwei Jahren »Hunderttausende Dollar für Anwaltshonorare ausgegeben hat, um die Rechte von Francine Cousteau hinsichtlich der Verwendung ihres Namens zu verteidigen.«[96]

In New York nimmt Malcom I. Lewin den Fall in die Hand.

Malcom I. Lewin ist ein gefürchteter Anwalt, der in aller Öffentlichkeit, aber ebenso gut im Verborgenen zu taktieren versteht. In aller Öffentlichkeit fordert er in seinen ersten Schreiben die Familie von Philippe Cousteau auf, jede öffentliche Bezugnahme auf ihren Familiennamen zu unterlassen. Wenn sie ihren Familiennamen weiterhin nutzen wollen, müssen sie »ihm klar und deutlich ihre Vornamen voranstellen, und zwar in derselben Drucktype und derselben Schriftgröße.« In diesem Schreiben steht auch:

---

93 Harbor Branch Oceanic Institution.

94 Morrison Cohen Singer & Weinstein, LLP.

95 Die Summe entspricht etwa 500 Euro.

96 Im *Miami Herald* vom 4. März 2003.

»Wenn Sie den Namen ›Cousteau‹ in den Medien oder bei ihren wirtschaftlichen Aktivitäten benutzen sollten, darf dies nur in Verbindung mit einer Erklärung geschehen, die deutlich macht, dass Sie nicht der Cousteau Society angeschlossen sind und in keinerlei Verbindung mit der Arbeit von Jacques-Yves Cousteau in der Vergangenheit oder mit der seiner Nachfolge stehen.«[97]

Hinter den Kulissen schickt eben dieser Lewin Francine Briefe, in denen er ihr seine Strategie erläutert. In einer Anmerkung vom 15. November 2001 empfiehlt er ihr, sich ganz auf den medienwirksamen Aspekt des Falls zu konzentrieren. Sein Ratschlag lautet: Den Journalisten entgegenkommen und ihnen erklären, dass Janice, Alexandra und ihr Bruder Philippe sich des Namens von Kommandant Cousteau bemächtigen wollen, dass sie vorhaben, der Cousteau Society die Unterstützung ihrer Spender abspenstig zu machen und möglicherweise sogar die *Calypso* an sich zu bringen. »Es ist klar«, schreibt er, »dass Janice Cousteau und ihre Familie [...] ihren Standpunkt in der Presse durchsetzen wollen, und wir müssen genau das Gleiche tun.« Der Mann geizt nicht mit guten Ratschlägen. Zwei Monate später, am 29. Januar 2002, teilt er Francine eine neue Idee mit: Sie soll Alexandra, Philippe und Janice Cousteau vor einem französischen oder europäischen Gericht belangen. Nichts leichter als das, kommentiert er, ist doch die Internetseite ihrer Stiftung weltweit zugänglich. Seiner Auffassung nach sollte es ein Leichtes sein, ihnen den Tatbestand der Fälschung und des unlauteren Wettbewerbs nachzuweisen. »Nach meiner Einschätzung«, schreibt er, »hätte ein weiterer Prozess grundsätzlich den Vorteil, dass er eine zweite ›Front‹ eröffnet, die Alexandra und ihre Familie noch angreifbarer machen würde. Das wird den Druck auf sie verstärken, und sie werden schnell bereit sein, einer Einigung zuzustimmen, die in unserem Interesse ist.« Francine lässt sich überzeugen und einige Wochen später, am 19. März 2002, zitiert sie die Philippe-

97 Dieses Schreiben wurde am 10. August 2001 an den Anwalt von Alexandra Cousteau geschickt.

Cousteau-Stiftung in Paris vor Gericht. Zwei gleichzeitige Prozesse, diesseits und jenseits des Atlantiks – .Alexandra und ihre Familie werden in die Zange genommen. Sie können die Kosten für ihre Verteidigung nicht aufbringen, auch wenn ein Anwalt in Miami sie kostenlos vertritt. Wie könnten sie auch mit der finanziellen Macht der Cousteau Society wetteifern? Das Ende ist unausweichlich. Es kommt am 21. Februar 2003 vor einem Gericht in Florida, das eine gütliche Einigung bestätigt, in der Alexandra, ihr Bruder und ihre Mutter einer eingeschränkten Verwendung ihres Familiennamens zustimmen. Darüber hinaus müssen sie der Cousteau Society 150 000 Dollar Entschädigung zahlen. Diese verpflichtet sich ihrerseits, ihnen zehn Fotos von Philippe Cousteau zu überlassen, die seine Kinder verwenden dürfen.[98] Schließlich kommen beide Parteien auch darin überein, dass sie über den Inhalt der Vereinbarung Stillschweigen bewahren wollen. »Niemand kann sich vorstellen, wie schmerzhaft das war. Ich habe geweint, als ich unterschrieben habe, und musste an meinen Vater denken«, kommentiert Alexandra die Abmachung.

> »Ich habe in meinem Leben noch nie einen derart
> schwer zu ertragenden und entehrenden Text unterschrieben.
> Man hat uns unsere Wurzeln, unsere Identität,
> unseren Familiennamen weggenommen.«

Nachdem diese Angelegenheit geklärt ist, kümmert sich die Präsidentin der Cousteau Society um ihre eigene Zukunft, aber immer noch nicht um die der *Calypso*. 2003 sind ihre Einkünfte noch gestiegen, auf 176 484 Dollar, das sind 30 000 Dollar mehr als im Jahr zuvor. Bob Steele, der Finanzverantwortliche der Organisation muss sich mit etwas weniger als 150 000 Dollar zufrieden geben (wenn man das überhaupt so sagen kann).Das höchste Gehalt geht an einen gewissen John G. Huncke. Die Nummer zwei der amerikanischen

98 Unter der Voraussetzung, dass diese Abzüge ordnungsgemäß der Cousteau Society gutgeschrieben werden.

Gesellschaft bekommt ein Generaldirektorengehalt[99] von jährlich 230 000 Dollar. Eines steht fest: John Huncke gewinnt zunehmend Einfluss auf Francine, die er zu jedem wichtigen Termin begleitet. Zumeist ist er nur als Zeuge dabei und sagt selbst kein Wort. Huncke ist nie an Bord der *Alcyone* gewesen, hat keine Cousteau-Expedition geplant oder an einer teilgenommen. Seine Sache ist es, durch die heiklen Untiefen des amerikanischen Rechts zu navigieren. In zahlreichen Drohbriefen verteidigt er Francine Cousteaus Rechte an den Handelsmarken, deren Treuhänderin sie ist. Unerbittlich verfolgt er sein Ziel, Alexandra Cousteau und ihrer Familie die Luft zu nehmen. Jede ihrer öffentlichen Äußerungen spürt er auf: Kaum werden Alexandra oder ihr Bruder zu einem Interview gebeten oder in einer Zeitung zitiert, schon schickt er ihnen einen Brief zur Erinnerung an ihre in der »gütlichen Einigung«[100] eingegangene Verpflichtung, jede Bezugnahme auf den Namen ihres Großvaters zu unterlassen. Er verfolgt gnadenlos jeden ihrer öffentlichen Auftritte und stellt jegliche Berechtigung dafür in Frage.

Die drei Top-Manager der Cousteau Society entnehmen von den eingegangenen Mitgliedsbeiträgen jährlich einen Betrag von 556 000 Dollar[101], mit denen sie sich ihre Gehälter bezahlen. Muss noch darauf hingewiesen werden, dass sowohl die Cousteau Society als auch die Équipe Cousteau Organisationen sind, die sich dem Umweltschutz auf unserem Planeten verschrieben haben, und dass es sich nicht etwa um private Wirtschaftsunternehmen handelt? Muss man noch einmal daran erinnern, dass Kommandant Cousteau nie ein Gehalt erhielt, ebenso wenig wie die Cousteau Society oder die Équipe Cousteau? Andere Zeiten, andere Sitten.

Stellen wir uns doch einmal einen Augenblick lang vor, die leitenden Köpfe von Greenpeace, des WWF, von Ärzte ohne Grenzen, Aktion gegen den Hunger oder vom Internationalen Roten Kreuz,

---

99 Die englische Bezeichnung ist *chief operating officer.*

100 Schreiben vom 3. Dezember 2003, vom 2. Februar 2004 und vom 8. März 2004, die der Fondation Philippe Cousteau zugestellt werden.

101 Mehr als eine halbe Million Dollar, also etwa 460 000 Euro.

also der weltweit wichtigsten Nicht-Regierungs-Organisationen, würden ein so spektakuläres Gehalt beziehen. Würde man nach einer solchen Offenbarung nicht berechtigterweise Nachforschungen anstellen?

Und welche Vorschläge macht Francine Cousteau zu dieser Zeit in Sachen Umweltschutz und Meeresforschung?

Die Mitglieder der Équipe werden für das Projekt Anakao um Spenden gebeten, das unter der Leitung von Grégoire Koulbanis steht. Das Ziel ist lobenswert: Man will den armen und bedürftigen Bevölkerungsgruppen im Süden Madagaskars, die ohne Trinkwasser sind, zu Hilfe kommen. Es ist geplant, sie beim Brunnengraben und beim Pflanzen von Bäumen zu unterstützen, durch deren wasserziehendes Blattwerk eine Region trockengelegt werden kann, die mit brackigem Wasser überschwemmt ist. Mehr als 480 000 Franc an Spenden kommen zusammen. Die Madagassen haben davon keinen Cent gesehen. Das Wasser, das sie trinken, ist immer noch kein Trinkwasser.

Das Projekt *Calypso II* hat wenig Chancen, realisiert zu werden; umso weniger, als die Summen, die für ihren Bau bestimmt sind, enormen Schwankungen unterliegen.

Je nachdem, ob das Budget der beiden von Francine geleiteten Gesellschaften gerade wieder wächst oder schrumpft, hat es gute oder schlechte Chancen. Bob Steele bringt es in seinem Schreiben an die Präsidentin vom 24. Januar 2000 auf den Punkt: »Sie müssen verstehen, dass wir es mit einem Defizit zu tun haben«, schreibt er ihr. »Wir werden dieses Defizit mit dem Budget für die *Calypso II* ausgleichen und wollen diese Gelder dann wieder zweckbestimmt einsetzen, wenn es möglich ist, d. h. wenn wir finanziell wieder im Gleichgewicht sind, aber nicht früher.«

In Frankreich sieht die Finanzlage nicht besser aus. Die Équipe Cousteau bewegt sich im Leerlauf. Francine hat die Mehrzahl der ehemaligen Mitarbeiter ihres Mannes entlassen. Für einige Monate versuchte François Sarrano die Situation wieder unter Kontrolle zu bringen. Er war 1993 der verantwortliche Leiter einer Cousteau-Expedition im Baikalsee. Der Meeresbiologe, der außerdem ein hervorragender Taucher, Wissenschaftler und ein Mann der Tat ist, hat auf Kontinuität gesetzt. Wenn man seinen Mitarbeitern glaubt, so besaß er alle Qualitäten, die nötig waren, um die Nachfolge von JYC anzutreten. »Ich hab' dran geglaubt!«, gesteht er. »Mein Wunsch war die Fortsetzung einer Geisteshaltung und die Rettung des Lebenswerkes von Cousteau für die Zukunft, aber ich hatte keine Chance. Das Spiel war von Anfang an verloren.« Im vertrauten Kreis setzt sich Sarrano vehement dafür ein, die Instandsetzung der *Calypso* nun ernsthaft in Angriff zu nehmen.

> »Die Calypso ist nicht nur ein Stück Holz. Sie steht für die Geschichte und die Wurzeln der Organisation.
> Für ihr jetziges Schicksal gibt es keine Rechtfertigung.«

Auch Sarrano wird nicht nur wegen dieser engagierten Äußerung in Ungnade fallen. Die Projekte, die er vorschlägt, werden abgelehnt: Sechs Monate nach dem Tod von Cousteau nimmt er seinen Abschied und niemand hält ihn zurück.

Damit trennt sich Francine von dem letzten noch aktiven Vertreter der historischen Crew. Sie versucht einen großen, abdriftenden Passagierdampfer auf Kurs zu halten. Eine Kündigung folgt der anderen. Claude Wesly[102], einer der ersten Gefährten des Kommandanten, verlässt den Verwaltungsrat der Équipe Cousteau im Mai 2001. Nach ihm ist die Reihe an Konteradmiral François Bellec[103], sich zu empfehlen; einige Tage nach Wesly quittiert auch er seine Mitgliedschaft. In einem scharfsinnig formulierten Brief beschreibt er, wie überdrüssig er der Sache ist: »Ich hatte gehofft, die Einbeziehung der *Calypso* in das Entwicklungsprojekt des Mee-

---

102 Claude Wesly hat zusammen mit Albert Falco an der Mission *Précontinent I* teilgenommen, durch die sie die beiden ersten Ozeanauten in der Geschichte der Menschheit wurden.

103 François Bellec war lange Zeit Leiter des Marinemuseums in Paris.

resmuseums in La Rochelle erleichtern zu können. [...] Für mich ist das ein kollektiver Misserfolg, der aufgrund Ihres Zögerns zwangsläufig kommen musste.« Aber am gnadenlosesten ist die Schlussfolgerung, die Bellec, ein unbestrittener Kenner der maritimen Welt in Frankreich, am Ende zieht: »Ich habe den Eindruck, dass es der Équipe Cousteau gewaltig an Vorstellungskraft, Engagement und konkreten Projekten fehlt.«

Nach den erfolglosen Missionen im Kaspischen Meer und im Sankt-Lorenz-Strom, die vom Erfolg her gesehen eine kalte Dusche waren, plant die Équipe Cousteau überhaupt keine Expeditionen mehr.

Sie präsentiert ein vages Projekt für eine Säuberung der Meere und Gewässer, das den Namen »Das Wasser des Friedens« trägt, aber nie in Gang kommt.

Sie reicht die Petition »Für einen internationalen Umweltgerichtshof« ein.

Sie kündigt die Gründung neuer Stiftungen in Brasilien und Chile an, die aber nie das Licht der Welt erblicken werden.

Was die *Calypso* angeht, so bewegt man sich in La Rochelle immer noch auf der Stelle.

Die Équipe Cousteau gibt drei oder vier Ausgaben der *Calypso Log* pro Jahr heraus, in denen Francine Cousteau mit einer Häufigkeit abgelichtet ist, die kein Zufall sein kann. Wahrscheinlich hat sie sich an die vertraglichen Forderungen ihres Mannes erinnert, der durchgesetzt hatte, dass er in seinen Filmen alle sieben Minuten erscheinen sollte. Die Zeitschrift für die französischen und amerikanischen Mitglieder stellt die schwerwiegende Frage: »Leiden Fische?«. Sie behauptet, es gebe »keinen Selbstmord bei den Lemmingen« . Ohne auch nur eine Sekunde lang eine Kritik an der Entscheidung der Regierung Bush in Erwägung zu ziehen, als diese die Ratifizierung des Kyoto-Protokolls zum Treibhauseffekt ablehnt[104], greift sie Wort für Wort die Erklärung des Sprechers des Weißen Hauses auf: »Die Vereinigten Staaten befürworten einen anderen Weg«[105]. Man möchte lieber nicht glauben, dass diese Zurückhaltung deshalb geschieht, weil man die Randgruppe unter den Spendern der Cousteau Society nicht vergraulen möchte, die auch die Regierung Busch unterstützen. In all ihren Verlautbarungen beweist die Équipe Cousteau ihre Vorliebe für Stellungnahmen von öffentlicher Seite. Das von Professor Jean Jaubert verfasste Dossier über die *Caulerpa taxifolia*[106] ist dann der Höhepunkt. Der starke Algenwuchs, um den es hier geht, war Gegenstand einer groß angelegten Rechtsstreitigkeit zwischen Jaubert und Alexandre Meinesz, einem Biologen aus Nizza. Schon 1990 hat Letzterer mit ausgestrecktem Finger auf das Aquarium von Monaco gezeigt, das er im Verdacht hatte, unten am Felsen Becken ins Meer entleert zu haben, die eben diese Algen enthielten. Meinesz ist überzeugt, dass dieser Vorgang die regelrecht anarchistische Vermehrung der Caulerpe-Alge im Mittelmeer ausgelöst hat. Die Équipe Cousteau trifft in dieser für den Ruf des Fürstentums sehr sensiblen Angelegenheit eine Entscheidung. Auf dreißig Seiten entwickelt Jean Jaubert[107] seine Thesen über zugewanderte Arten, zu denen auch die Caulerpe gehört, ohne die Meinung von Alexandre Meinesz auch nur zu erwähnen, geschweige denn ein Interview mit ihm geführt zu haben. Die Abonnenten von *Calypso Log* erfahren niemals etwas von den gegensätzlichen Ausführungen der beiden Protagonisten in dieser Angelegenheit.

Für diese einseitige Lesart vor dem Hintergrund einer gravierenden Meinungsverschiedenheit in einer Frage des Umweltschutzes gibt es drei Gründe. Zunächst ist Jean Jaubert Direktor des Ozeano-

---

104 Dieses zynische Verhalten der Regierung der USA wurde von allen Umweltschutz-Organisationen weltweit mit größter Schärfe kritisiert.

105 *Calypso Log* Nr. 222, Dezember 2003.

106 Wissenschaftlicher Name der »Killeralge«, einer Grünalge, die sich massiv im Mittelmeer ausbreitet und die übrige Fauna am Meeresgrund erstickt.

107 Verantwortlicher Wissenschaftler der letzten Cousteau-Expedition ins Rote Meer (2003-2004).

grafischen Museums von Monaco[108]. In dieser Funktion muss er die Einrichtung verteidigen, die ihm sein Gehalt bezahlt. Dann ist Jaubert aber auch ein enger Mitarbeiter von Francine. 2003 hat ihm die Cousteau Society 91 690 Dollar[109] für seine Expeditionsleitung gezahlt. Und last but not least möchte Francine Cousteau nicht das Missfallen Prinz Alberts erregen, zu dem sie gute Beziehungen unterhält.

Unterdessen verrottet die *Calypso* in La Rochelle von Tag zu Tag mehr.

In Paris versucht Jean-Emmanuel Piettre neue Partner zu gewinnen und der Équipe Cousteau ein bisschen Sauerstoff zuzuführen. Er hat schnell begriffen, dass die Cousteau-Organisation zu einem Wirtschaftsimperium geworden ist, das nichts mehr mit den ursprünglichen Zielen verbindet. Sein täglicher Umgang mit der Cousteau Society beweist ihm, dass Francines amerikanischen Mitarbeitern nur daran gelegen ist, aus dem kulturellen Fundus, das Kommandant Cousteau und seine beiden Söhne geschaffen hatten, kommerzielle Werte zu schöpfen. »Die *Calypso*? Die gehörte nicht zu unseren vorrangigen Anliegen. Für Francine war das gerade mal eine Akte in der Ablage!« Viel Zeit verwendet die Witwe des Kommandanten wiederum darauf, die moralische Legitimität ihrer Nachfolge und die Bildrechte am Lebenswerk ihres Mannes zu verteidigen. Beinahe täglich leitet Jean-Emmanuel Piettre sämtliche Briefe, Faxe und E-Mails weiter, in denen man um Fotos von JYC bittet oder Kaufangebote für Ausschnitte seiner Filme macht. Francine gibt ihren persönlichen Kommentar dazu.

Und immer lautet die Antwort »Nein!«

Eine Kanadierin möchte über acht Sekunden Archivmaterial verhandeln, das die Ausstellung ihrer Skulpturen untermalen soll. Abgelehnt!

---

108 Diese Stelle hat Jacques-Yves Cousteau über lange Zeit innegehabt.

109 Nach der Steuererklärung 2003 der Cousteau Society.

Ein amerikanischer Verleger bittet um ein Foto des Kommandanten als Illustration für ein Schulbuch, in dem sein Lebenswerk nachgezeichnet wird. Abgelehnt!

Ein Dokumentarfilmprojekt des Japanischen Fernsehens und der BBC über die Expeditionen von JYC. Abgelehnt!

Die angesehene Zeitschrift *National Geographic* möchte eine Aufnahme von Roberto Rinaldi[110] für eine Sondernummer mit dem Titel »Die hundert besten Fotos« verwenden. Abgelehnt!

Ein italienischer Bewunderer von Cousteau bittet um die Erlaubnis, den Namen Cousteau in einer Novelle für Kinder, die er schreiben will, zu verwenden Abgelehnt! Die Rechte sind nicht verkäuflich!

Die Liste nimmt kein Ende, und die Haltung, die hier zum Ausdruck kommt, ist nicht zu verstehen.

> Wie soll die historische Arbeit des Kommandanten neuen Generationen bekannt gemacht werden, wenn keine Medien, kein Buch, kein Lied und kein Schulbuch seinen Namen nennen können und keines der Fotos aus seinem Bestand verwendet werden darf?

Die Antwort ist einfach: Nur die von Francine Cousteau initiierten Projekte sind rechtmäßig. Aber wenn nur sie über derartige Rechte verfügt, ist Legitimität nicht gleichbedeutend mit Effektivität. Jean-Emmanuel Piettre spricht eines Tages ganz offen mit Francine und bringt seine Besorgnis über die Zukunft ihrer Gesellschaften zum Ausdruck. Wie sollte er auch optimistisch sein?

Die Ankündigungen, in Andorra und Südamerika Cousteau-Stiftungen zu gründen, sind ohne Folgen geblieben. Der Standort

---

110 Ein Fotograf, der regelmäßig für die Cousteau Society und die Équipe Cousteau arbeitet.

von Antenne Cousteau in Pléneuf-Val-André musste nach fast zwei Jahren chaotischer Verwaltung dichtmachen. Die Prozesse gegen Geschäftspartner häufen sich: Eine monegassische Gesellschaft, Expand Licensing, verlangt wegen Vertragsbruchs von der Équipe Cousteau eine Entschädigungszahlung und Zinsforderungen über 30 Millionen Franc. Die Manager von Aqualung International weigern, sich, den Vertrag zu verlängern, der ihnen seit Jahrzehnten die Verwendung des Namens »Cousteau« erlaubt. Kurzum, das Imperium bricht zusammen. Dafür, dass er diese Wahrheiten ausgesprochen hat, lässt man Piettre in der Versenkung verschwinden. Er wird von Michel Bernet, einem Neuling, ersetzt, der sich seinerseits die Akten vornimmt. »Ich konnte eh nicht mehr. Francine hatte mich zu ihrem Privatsekretär gemacht« Die Schiedsstelle des Arbeitsgerichts hat ihm Gerechtigkeit widerfahren lassen und festgestellt, dass die Équipe Cousteau nicht rechtmäßig gehandelt hat. Für Francine eine Belanglosigkeit.

Auf einen Prozess mehr oder weniger kommt es ihr jetzt nicht mehr an.

KAPITEL 9

Der Todeskampf der Calypso

Patrick Schnepp ist glücklich: Die Arbeiten gehen voran. Kurz nach ihrer Ankunft in La Rochelle kommt die *Calypso* im Hafen von La Pallice aufs Trockendock. Zuerst der Schiffbruch in Singapur, dann 2 Jahre sich selbst überlassen in einem Hafenbecken in Marseille und schließlich die letzte Reise über den Atlantik nach La Rochelle – all diese Strapazen haben die *Calypso* an die Grenze ihrer Kräfte gebracht. Jetzt lässt sich das Schiff von Kommandant Cousteau mehrere Wochen lang von den Arbeitern der Werft Daniel Despierres hegen und pflegen. Ihr Rumpf aus amerikanischem Pinienholz ist freigelegt. Die Schiffszimmerleute versorgen die Verletzungen aus Singapur, erneuern sorgfältig die Beplankung, polieren die beiden Schiffsschrauben und verpassen dem alten Schiff einen frischen Anstrich; so bekommt die alte Dame wieder Farbe. Sechs Meter über ihnen schreitet Francine Cousteau im Gefolge eines Leiters der Werft über die Brücke und die Laufgänge. Dieser unverhoffte Besuch im Juni 1998 wird gefilmt. Auf die Frage des Journalisten von France 3, warum keine Lösung mit der Stadt Marseille gefunden werden konnte, antwortet Francine mit einem Lächeln: »Sie haben keine konkreten Vorschläge zur rechtzeitigen Rettung des Schiffes gemacht. Das ist natürlich bedauerlich, denn die *Calypso* ist ein Teil der Geschichte dieser Stadt. Marseille hat den Kommandanten seinerzeit zum Ehrenbürger ernannt. Aber das Wichtigste ist doch, dass die *Calypso* nicht ins Ausland verschwindet, sondern in Frankreich bleibt.«[111]

In den zwei Jahren im Hafen von Marseille ist der Zustand der *Calypso* allerdings noch trostloser geworden. Schiffsgutachten unterstreichen, wie deutlich sich der Zustand des brüchigen Schiffsrumpfes aufgrund der Vernachlässigung in Marseille noch verschlimmert hat. Es war schwierig gewesen, die Versicherer davon zu überzeugen, dass sie die Kosten für den Transfer nach La Rochelle übernehmen müssten. Und trotz der Sicherheitsmaßnahmen, die getroffen wurden, wäre die *Calypso* bei ihrer Ankunft in La Pallice beinahe gekentert.

Es ist höchste Zeit, sich ernsthaft um das Schiff zu kümmern.

Die Kosten für erste Instandsetzung und die Restaurierung werden von La Rochelle übernommen, die auch Räumlichkeiten in einem hübschen weißen Haus am Hafen herrichtet, wo Antenne Cousteau seine Zelte aufschlagen soll. Die Stadt renoviert eine Lagerhalle, die zur Aufbewahrung für das Expeditionsmaterial der *Alcyone* umgebaut wird. Und schließlich entscheidet der Stadtrat auch noch positiv über die Subventionierung einer Ausstellung in den Räumlichkeiten des Meeresmuseums.[112]

Eine Zeit der Euphorie.

---

111 Wir werden jedoch sehen, wie Francine Cousteau einem Projekt für die Restaurierung der Calypso in den USA bedenkenlos zustimmt.

112 Instandsetzung: 25 00 Euro; Umbau der Räumlichkeiten für die Antenne Cousteau: 7 600 Euro; Umbau der Lagerhalle für die Alcyone: 15 200 Euro; Subventionierung der Ausstellung: 120 000 Euro.

Die Stadt La Rochelle öffnet ihr Herz und macht ihre Kais zugänglich. Sie will einen Teil ihrer Energie und ihrer Finanzen in die Restaurierung des legendären Schiffes stecken. Die Investitionskredite für den Einbau einer Helling[113], auf die die *Calypso* gesetzt wird, laufen. Michel Crépeau, der Bürgermeister, hat ein offenes Ohr für ökologische Projekte und spart nicht an den Mitteln. Er stellt eine Finanzierung auf die Beine[114], um das Schiff in den Mittelpunkt des Projekts zum Ausbau seines Meeresmuseums zu stellen. In einem Brief an Francine Cousteau vom 9. April 1998 schreibt Michel Crépeau: » Die *Calypso* wird auf einer großen Baustelle im Hafengelände mitten auf dem »Plateau Nautique« unter freiem Himmel restauriert. [...]La Rochelle, als neuer Heimathafen der *Calypso,* möchte seinem Meeresmuseum, das sich in den Dienst des Lebenswerks von Kommandant Cousteau stellt, einen besonderen Platz einräumen. Patrick Schnepp, der Direktor des Museums, schreibt Entwürfe, in denen er alle erdenklichen Pläne für die Restaurierung der *Calypso* Revue passieren lässt. In dieser Zeit ist er überschwänglich. »Für uns alle«, sagt er, »war das kein Schiff wie jedes andere. Es war das Schiff von Cousteau, dem Autor von *Die schweigende Welt,* dem Mann, der uns den blauen Planeten hat entdecken lassen. Ohne ihn wäre ich und wären andere nicht so voller Leidenschaft bei der Sache. Cousteau hatte Millionen Bewunderer auf der ganzen Welt. Stellen Sie sich vor, was die *Calypso* für La Rochelle bedeutet! Sie in unserer Obhut zu haben war für uns ein wichtiger Schritt hin zu einem internationalen Renommee der Stadt.« Vom Fenster seines Büros aus kann Patrick Schnepp sehen, wie die *Calypso* von Tag zu Tag mehr verfällt. Beiläufig wirft er einen Blick auf das Modell des legendären Schiffes, das auf einem Tisch steht. Dann zündet er sich eine Zigarette an, die dreißigste an diesem Tag, und fügt noch hinzu:

---

113 Trage- und Hebevorrichtung im Hafen, mit einer Reihe von stabilen Wagen, die unter ein schwimmendes Schiff geschoben werden. Mit der Helling war es möglich, die *Calypso* aus dem Wasser zu holen und sie für die Dauer der Instandsetzungsarbeiten auf dem Kai zu lagern.

114 In Höhe von 91 469 Euro.

»Wir waren naiv hier in La Rochelle. Man hätte sich die Frage stellen müssen, warum sie mit der Stadtverwaltung von Marseille keine Lösung gefunden hatten. «

Die Antwort auf diese Frage wird noch eine Weile auf sich warten lassen. Dieses Schicksal teilt Patrick Schnepp aber mit all den anderen Akteuren dieses haarsträubenden, sieben Jahre währenden Fortsetzungsromans.

Philippe Joussemet ist Abgeordneter, als Michel Crépaud ihn bittet, die Akte *Calypso* zu übernehmen. Voller Energie übt der kleine Mann mit der braunen Künstlermähne den Beruf des Schifffahrtsexperten aus. Unverzüglich organisiert er in Zusammenarbeit mit der Équipe Cousteau den Transfer des Schiffes von Marseille nach La Rochelle. In der Folge ist er bei den ersten Treffen mit Francine und ihren wichtigsten Mitarbeitern dabei.

»Anfänglich«, erinnert er sich, »waren alle wie verzaubert. Aber als die Gespräche mit der Équipe Cousteau begannen, habe ich mir schnell die Frage gestellt, wie wir jemals zu einer Einigung kommen sollten. Für La Rochelle war das Projekt nicht leicht zu stemmen. Im Rahmen eines Planungsvertrages waren hohe Investitionen notwendig. Francine Cousteau ihrerseits hat sofort finanzielle Garantien gefordert. Wir hatten nicht dieselbe Wellenlänge. Ihre wirklichen Absichten sind mir immer schleierhaft geblieben. Wir wollten langfristig etwas aufbauen, sie aber war ganz offensichtlich in erster Linie an der schnellen Ausschüttung von Tantiemen interessiert.«

Am 22. Mail 1998, also einen Monat vor dem Abtransport der *Calypso* aus Marseille, nimmt Philippe Joussemet an einer Sitzung im Rathaus von La Rochelle teil. Er setzt sich und grüßt Michel Crépeau, Francine Cousteau, den stellvertretenden Bürgermeister Jean-Claude Rousseau und François Drageon, den Anwalt der Stadt. Zum ersten Mal nehmen die Stadtverordneten und Francine Cousteau ihre gemeinsame Zukunft in Angriff. Die handschriftlichen Notizen eines der Teilnehmer, die bei dieser Gelegenheit entstehen, sind aufschlussreich. Im Kern enthalten sie schon die Erklärungen dafür, warum die Akte in den folgenden sieben Jahren auf Eis liegt. Zunächst ergreift Crépeau das Wort und bringt seinen Wunsch zum Ausdruck, so zusammenzuarbeiten, dass es »für alle Parteien eine zufriedenstellende Zukunft« gibt. Der Bürgermeister von La Rochelle verlangt, dass an erster Stelle geklärt wird, welche moralischen Rechte und welche Vermögenswerte mit der *Calypso* verknüpft sind. Wiederholt kommt er auf Francines Bildrechte am Lebenswerk des Kommandanten zu sprechen.

Francine antwortet, sie sei die Universalerbin ihres Mannes. Sie bringt in Erinnerung, dass sie gegen ihren Stiefsohn, Jean-Michel Cousteau, einen Privatprozess geführt hat, und dass der Sohn des Kommandanten juristisch verpflichtet ist, seinen Familiennamen nur noch zusammen mit seinem Vornamen zu verwenden. Im Folgenden präzisiert Francine die Beziehungen zwischen der Cousteau Society (amerikanischer Zweig) und der Équipe Cousteau (Gesellschaft französischen Rechts), zwei juristische Gebilde, denen sie jeweils als Präsidentin vorsteht.

François Drageon, der Anwalt der Stadt, meldet sich zu Wort, um Michel Crépeau auf ein grundlegendes Problem aufmerksam zu machen. »Wir müssen wissen«, sagt er, »wer der tatsächliche Eigentümer der *Calypso* ist und dazu brauchen wir das Flaggenzertifikat[115].« Im weiteren Verlauf der Sitzung weist Francine darauf hin, dass Cousteau, Calypso und Alcyone geschützte Markennamen sind und niemand, auch nicht die Stadtverwaltung von La Rochelle, Fotos ihres Mannes ohne die Zustimmung der Cousteau Society verwenden darf. Schließlich drängt sie noch darauf, dass die *Calypso* wie geplant am 7. Juni 1998 in La Rochelle einläuft, denn es ist vorgesehen, auch den Bürgermeister von New York, Rudolph Giuliani, dazu einzuladen. Ein wichtiger Mann mit einem vollen Terminkalender. Die Abteilungen

---

115 Der Flaggenzertifikat eines Schiffes entspricht dem Fahrzeugschein eines Kraftfahrzeugs. Im französischen Recht legt er das Eigentumsrecht an einem Schiff fest.

von Michel Crépeau arbeiten ein detailliertes Rahmenprogramm für den Besuch von Giuliani[116] aus. Zwischen privatem Mittagessen im alten Hafen, Ansprachen, Preisverleihung, großem Reiterzug, Fanfaren und Militärparade plant die Stadt ein Festessen nach dem Motto »nicht kleckern, sondern klotzen«. Alles vergebliche Liebesmühe. Der Bürgermeister von New York kommt nicht nach La Rochelle.

Als die *Calypso* Ende Juni 1998 an einem Kai des Meeresmuseums anlegt, verbirgt sich hinter dem Lächeln manch eines der Anwesenden viel Sorge. Zu diesem Zeitpunkt hat die Équipe Cousteau trotz mehrerer Verhandlungswochen noch kein Dokument über eine partnerschaftliche Zusammenarbeit unterzeichnet. Nicht vergessen hat sie dagegen, dem Museumsshop Merchandising-Artikel in großen Mengen dazulassen: T-Shirts, rote Mützen, Kartenspiele, Puzzles und Video-Kassetten. Michel Crépeau hat François Drageon um eine solide juristische Expertise gebeten, bevor eine verbindliche Vereinbarung mit Francine Cousteau getroffen wird. Der Anwalt hat sich intensiv mit der Akte beschäftigt und einige Entdeckungen gemacht, die er in einer vertraulichen Notiz vom 22. Mai 1998 genauer ausführt. »Die untersuchten Dokumente haben einige Überraschungen für mich bereitgehalten und ich habe dazu einiges zu sagen«, schreibt er vorab, bevor er seine Einschätzung abgibt, nach der Francine Cousteau die *Calypso* dem Meeresmuseum gar nicht überlassen kann, solange sie nicht nachweisen kann, dass das Schiff tatsächlich ihr gehört. Besser noch: Rechtsanwalt Drageon nimmt auch das Flaggenzertifikat unter die Lupe und sieht, dass eine Gesellschaft namens COF (Campagnes océanographiques françaises) als einziger Eigentümer des Schiffes eingetragen ist. »Ich verstehe nicht recht«, unterstreicht er außerdem, »warum in den Versicherungsunterlagen, die man mir überlassen hat, abwechselnd die Cousteau Society, die Équipe Cousteau und auch die Anglo-Française auftaucht, die als Reeder verfügungsberechtigt über das bei ihr versicherte Schiff ist.« Aber das Beste kommt zum

116 Der ehemalige Bürgermeister von New York ist ein glühender Anhänger von George W. Bush.

Schluss. »An diesem Punkt der Verhandlung«, schreibt Drageon, »wurde ersichtlich, dass das Schiff in Wirklichkeit offenbar im Besitz der Familie Guinness ist [...], die besagtes Schiff Kommandant Cousteau zu einem symbolischen Preis von 1 Franc zur Verfügung gestellt haben soll. Aus den Unterlagen geht hervor, dass die *Calypso* einer Gesellschaft, der Anglo-Française[117] gehört, die zugleich auch die Privatbank eines gewissen Loël Guinness ist. Von dieser Geschichte hatte man uns nichts gesagt!« Patrick Schnepp erinnert sich noch gut:

> »Für uns war dieser Vermerk eine kalte Dusche!
> Francine Cousteau hatte uns von Anfang an glauben lassen,
> sie sei die Eigentümerin des Schiffes!«

Eine neue Person betritt die Bühne. Nur widerwillig, wohlgemerkt, denn Loël Guinness, der junge Erbe einer mächtigen Dynastie und nebenbei auch noch einer der reichsten Männer der Welt verabscheut Publicity und Auftritte in den Medien. Loël Guinness trägt den Namen seines Großvaters, Thomas Loël Guinness. Dieser stammte aus einer anglo-irischen Familie, die mit dem Brauen eines bekannten, sehr erfolgreichen Dunkelbiers ein Vermögen gemacht hat. Er war Abgeordneter im britischen Parlament. Nach der Scheidung von seiner ersten Frau, die ihn wegen Prinz Aly Khan, dem ältesten Sohn von Aga Khan III, verlies, tröstet sich Thomas Guinness mit Lady Isabel Manners, die er in zweiter Ehe heiratet, aber auch, wie viele seiner vermögenden Standesgenossen, durch eine innige Verbindung mit dem Meer. Er kauft eine Luxusyacht und wird Besitzer einer Werft in Antibes. Deren Direktor André Auniac stellt ihm einen schneidigen französischen Marineoffizier, Jacques-Yves Cousteau, vor. Dieser sucht für seine ozeanografischen Expeditionen ein Schiff. JYC ist erst vor Kurzem als Erfinder zu einem Patent gekommen, dem Cousteau-Gagnan-Patent[118], das als Marke unter dem Namen

117 Deren Firmensitz ist Boulevard Saint-Germain 242.

118 Druckventil, mit dem es zum ersten Mal möglich war, unter Wasser zu atmen; bekannter unter dem Namen »Taucherlunge«.

Aqualung vermarktet wird. Er will auf seinen Expeditionen die Tiefen des Meeres erforschen und Guinness ist hingerissen von diesen revolutionären Plänen. Es wäre untertrieben zu sagen, dass die beiden sich auf Anhieb gut verstehen.

Cousteau und Guinness fahren gemeinsam nach Malta, der Insel mitten im Mittelmeer, einige Kilometer von der türkischen und der libanesischen Küste entfernt. Zu dieser Zeit ist Malta noch nicht für seine Billigflaggen bekannt. Eher wegen seiner Geschichte, in der die Herrscher in atemlosem Wechsel aufeinanderfolgen und natürlich nicht zuletzt wegen der Kreuzritter. England ist die letzte Kolonialmacht dieses wegen seiner strategischen Lage so begehrten ›Felsen‹, der 1964 unabhängig wird. Im Schutze massiver Festungsanlagen, die als Bollwerke gegen die türkischen Invasoren errichtet wurden, liegt der Hafenort La Valette, von dem der Blick aufs weite Meer hinausschweift. Auf den Kais herrscht buntes, reges Treiben. Die Vergangenheit funkelt in jedem Stein dieser alten Stadt. Ihre mit Patina überzogenen Treppen verbinden schmale und dunkle Sträßchen, auf die Fenster mit gewaltigen schwarzen Gittern wie Wachposten hinausgehen. Eine verschlafene, vom katholischen Glauben geprägte Stadt.

Cousteau verliebt sich auf den ersten Blick in ein Schiff, das am Fuße einer Mauer aus goldfarbigem Stein vor Anker liegt. In Begleitung von Thomas Loël Guinness besichtigt er das ehemalige Minensuchboot der englischen Marine, das 1942, mitten im Zweiten Weltkrieg, in Seattle (USA) gebaut und dann unter dem Decknamen BYMS 2026 zum Einsatz geschickt wurde. Nach dem Krieg wurde die BYMS 2026 von Joseph Gazan, einem maltesischen Reeder aufgekauft, der es auf den Namen *Calypso* taufte, nach der Nymphe, die Odysseus mit dem Versprechen der Unsterblichkeit sieben Jahre lang auf ihrer Insel[119] festhielt. Gazan baut seine Neuerwerbung zur Fähre um. Das ehemalige Minensuchboot transportiert jetzt Autos und Passagiere zwischen La Valette und Gozo, einer der größeren maltesischen Inseln, hin und her. Am 19. Juli

---

119 Die Insel Ogygie, Halbinsel Ceuta, gegenüber von Gibraltar.

1950 überlässt Joseph Gazan Jacques-Yves Cousteau sein Schiff für 9 000 Pfund Sterling. Es kommt dem Reeder aus Malta natürlich nicht eine Sekunde lang in den Sinn, die ehemalige Fähre könnte eines der berühmtesten Schiffe der Welt werden. Thomas Loël Guinness tritt beim Kauf nicht in Erscheinung, aber er ist es, der den Scheck ausstellt. Dieser Scheck belastet das Konto einer Gesellschaft namens Calypso Sarl, deren Geschäftsführung Guinness André Auniac anvertraut hat. »Guinness verdanke ich das, was ich bin«, wird Cousteau eines Tages vertraulich bemerken. »Er ist der Zauberer, der diesen Traum möglich macht.« Thomas Loël Guinness wird also der Mäzen von Kommandant Cousteau und stellt ihm die *Calypso* für eine symbolische Jahresmiete von 1 Franc zur Verfügung. Die Absprache zwischen den beiden Männern ist geheim. Für Guinness ist es wichtig, anonym zu bleiben. Er weiß damals nicht, dass dieser Umstand eines Tages von größter Wichtigkeit sein wird.

Loël Guinness, sein Enkel, hat fünfzig Jahre später diese sperrige Bürde am Hals. Er, der Playboy des internationalen Jetset, hat das Familienvermögen geerbt und damit auch die Besitzrechte an der *Calypso*. Loël Guinness ist siebenundvierzig und ein Mann, den man nicht zu fassen kriegt, der immer unterwegs ist und sein Leben im Wesentlichen in der Schweiz, in Asien und in der Normandie verbringt. Zuweilen findet man seine Spur in einem Luxushotel in Venedig, einer Straße in Manhattan, auf einer privaten Abendgesellschaft in Bangkok oder einer königlichen Hochzeit in Spanien, wenn er nicht gerade bei Freunden in einer prunkvollen Villa mit Schwimmbad auf Ibiza weilt. Ein äußerst unauffälliger, zurückhaltender Mensch, der von einer ihm ergebenen Entourage geschützt wird und überall und nirgends ist. Als wäre er das Schreckgespenst für einen Privatdetektiv.

Wir wollen aber mit dem Anfang beginnen.

Nach einer komplizierten Kindheit in der High Society verliebt sich Loël Guinness in die Enkelin eines der größten Polospieler in der Geschichte dieses Sports, Tommy Hitchcok. Diese Jugendliebe ist wahrscheinlich auch der Grund für seine Liebe zu Pferden.

Am ersten Januar 1993 lässt sich Loël Guinness beim Poloverband in Deauville registrieren und erhält die Lizenznummer 0530025. Er kauft ein Gestüt in der Normandie, nahe bei Lisieux, und lässt auf seinem Anwesen ein großartiges Polo-Spielfeld anlegen. In dieser Zeit bekommt er oft Besuch von Patrick Guerrand Hermès, einem der besten französischen Polospieler. »Ich habe Loël kennengelernt, als er in Höchstform war. Er war ein sehr guter Spieler. Drei oder vier Jahre lang hat er eine Mannschaft[120] finanziert, mit der man bei Wettkämpfen immer rechnen musste.« Hermès fügt hinzu: »Guinness war immer schon außerordentlich diskret. Über seine Angelegenheiten wahrte er grundsätzlich absolutes Stillschweigen und ich glaube, dass seine unglücklichen Jugendlieben bei ihm dazu führten, dass er das Glück auf dieser Erde in seinen unterschiedlichsten Formen gesucht hat.« Guinness ist fasziniert von Bali. Die indonesische Insel ist in seinen Augen ein irdisches Paradies. Anders als das übrige Land, das mehrheitlich islamisch ist, ist die Lebensweise der Balineser vom Hinduismus geprägt. Loël Guinness kauft dort eine riesige Villa, wo er den größten Teil seiner Zeit verbringt. Mehr als zwei Jahre lang hören seine Mutter Dolores und seine Schwestern Victoria und Alexandra nichts von ihm. Schon seit langem beschäftigt er sich damit, wie sich Tätigkeiten unter extremen Bedingungen auf den menschlichen Körper auswirken und welche Technologien dies möglich machen könnten. Abseits des Geschäftlichen gründet Guinness die Loël-Guinness-Stiftung, die junge Forscher ermuntern will, die Auswirkungen zu untersuchen, die sich an einem menschlichen Körper zeigen, der sich im Sprung mit Überschallgeschwindigkeit durch den Weltraum bewegt. Das Projekt nennt sich Sky-Dive-from-Space[121]. Einige Jahre später verändert sich die Loël-Guinness-Stiftung. Sie heißt jetzt Kalpa Group und ist eine Vereinigung, die sich ausdrücklich auf die Bön-Religion beruft, die fünfte Schule des

---

120 Das Sting Ray Polo Team gewann 1993 den Gold Cup von Deauville.

121 Im freien Sprung vom Weltraum in den irdischen Himmel eintauchen.

Buddhismus, die auch der Dalai-Lama anerkennt. Einer der großen Meister des Bön, Lopön Tenzin Namadak, hat Loël Guinness für die Forschungsarbeit buddhistischer Mönche interessieren können, die den Zusammenhang zwischen Meditation[122] und dem Ansteigen der Körpertemperatur untersuchen. 2001 unterstützt Loël Guinness diese Gruppe mit einer Summe von 1,25 Millionen Dollar. Eine schier unglaubliche Entwicklung für einen Mann, der tagtäglich mit dem französischen Leitindex CAC 40 zu tun hat, und dann beträchtliche Summen zur Unterstützung einer fundamentalistischen Bewegung des zeitgenössischen Buddhismus aufbringt. Daneben legt er weiterhin sein Vermögen in den Steuerparadiesen dieser Welt gewinnbringend an. Im schweizerischen Epalinges, dem Sitz seiner Holding, nimmt die treue Mitarbeiterin Alice Imhof seine Interessen wahr. An die Spitze seiner Privatbank, der Anglo-Française, hat er Christian Baillet, der ihm treu ergeben ist, als Direktor berufen: Nur diese beiden kennen seine Handynummer. Trotzdem kommt es nicht selten vor, dass sie ihren Herrn und Meister mehrere Tage hintereinander nicht erreichen können. »Loël ist ein Aal«, vertraut mir jemand aus seinem nahen Umfeld an.

Selbst mit Hilfe der ausgefeilten Suchmöglichkeiten im Internet findet man nur schwer Informationen über das Leben des jungen Erben des Guinness-Imperiums. Gerade mal auf der Seite der Kalpa Group[123] wird er zitiert, in einem Absatz, der über seine kontinuierliche Beteiligung an den ungewöhnlichsten Projekten Aufschluss gibt. »Der Zweck und die Prinzipien der Kalpa-Gruppe, die ihre Stärke ausmachen«, so kann man hier lesen, »kennt unser Gründer Loël Guinness in- und auswendig. 1950 kaufte Loëls Großvater ein altes Minensuchboot, und stellte es einem jungen Offizier der französischen Marine zur Verfügung. Jacques-Yves Cousteau rüstete das Schiff mit der für die damalige Zeit fortschrittlichsten Technologie aus. Der Rest ist Geschichte.«

---

122 Eine vom Yoga beeinflusste Technik, die bei Kennern unter dem Namen »g Tum-Mo« bekannt ist.

123 www.kalpagroup.com.

Aus diesen wenigen Zeilen spricht die Treue im Gedenken an seinen Großvater.

> Der Kauf der *Calypso* klingt für Loël Guinness nach
> einem vollkommenen Beispiel für Mäzenatentum.
> Es ist eine mutige Investition in die Zukunft,
> die alle merkantilen Erwägungen außer Acht lässt.

Als Loël Guinness von den Projekten in La Rochelle erfährt, beauftragt er im September 1998 Fred Cousin und Brendan Cuffe, zwei englische Schifffahrtsexperten. Sie beurteilen den Zustand der *Calypso* als äußerst schlecht. Nach ihrer Einschätzung würde die Instandsetzung teurer werden als der Neubau eines identischen Schiffes.

In Erwartung eines Rettungsplanes schickt Loël Guinness schriftlich seine Zustimmung, dass die *Calypso* der Stadtverwaltung von La Rochelle für die Dauer von fünf Jahren zur Verfügung gestellt wird. Er erklärt sich bereit, eine weiterreichende Zusammenarbeit ins Auge zu fassen, wenn ihn die Restaurierung seines Schiffes in einem attraktiven Museumsumfeld überzeugen kann.

Jetzt läuft alles auf Hochtouren.

Im Dezember 1998 lässt Michel Crépeau von seinen Mitarbeitern eine Erklärung aufsetzen, die von drei Beteiligten unterschrieben werden soll: von der Stadt La Rochelle, von der Anglo-Française, über Loël Guinness Eigentümerin des Schiffes, und schließlich von Francine Cousteau, der die Bildrechte am Lebenswerk ihres Mannes gehören. Diese Vereinbarung zwischen den drei Parteien ist juristisch unbedingt erforderlich, damit La Rochelle mit den Restaurierungsarbeiten beginnen kann. Francine Cousteau wird nicht unterschreiben. Welchen Grund hat sie dafür?

Diese Frage stelle ich Marc Parnaudeau, dem Referenten für Finanzen im Gemeinderat von La Rochelle. Er hat das Hin und Her dieser ungewöhnlichen Geschichte von Anfang an mitverfolgt. Aus seinem Gesicht mit dem perfekt geschnittenen weißen Bart mustern mich wasserblaue Augen. Er scheint nach Worten zu suchen. »Ich weiß nicht, was ich Ihnen darauf antworten soll«, sagt er mir einleitend. Ich bitte ihn, mir diesen beharrlichen Widerstand zu erklären. »Vielleicht wollte Madame Cousteau das Heft nicht aus der Hand geben«, antwortet er. »Und wahrscheinlich war sie der Meinung, dass sie die Situation nicht ganz allein unter Kontrolle behalten würde, wenn sie zusammen mit Monsieur Guinness ein Abkommen unterzeichnet.« Die Monate ziehen ins Land. Kein Lebenszeichen von Francine Cousteau. Aber sie lässt die Räumlichkeiten umbauen, die ihr La Rochelle zur Verfügung gestellt hat, die Stadt, die Stützpunkt für die Expeditionen der Équipe Cousteau und neuer Heimathafen der *Alcyone*[124] werden wollte.

Im April 1999 stellt Francine Cousteau Marie-Françoise Sauvage als Verantwortliche für Antenne Cousteau in La Rochelle an. Sie bezieht das kleine weiße Haus in der Nähe des Fischereihafens. »Ich wollte ein groß angelegtes Rahmenprogramm um die *Calypso* herum auf die Beine stellen«, erinnert sich Marie-Françoise. »Ich konnte über einen Teil des Cousteau-Filmbestandes verfügen, und jeden Sommer habe ich Vorführungen organisiert. Es gab aber nie ein Budget, mit dem ich fest rechnen konnte. Zwei Jahre lang musste ich mich mit den Abgeordneten der Stadt La Rochelle herumschlagen, die von mir wissen wollten, warum sie ständig den Finanzmangel der Équipe Cousteau ausgleichen sollten.« Dann kommt es zum Bruch zwischen Marie-Françoise und Francine Cousteau. Trotz des Zermürbungskrieges versucht Marie-Françoise, ihre Arbeit als Repräsentantin der Équipe fortzusetzen. Allerdings begeht sie einen »unverzeihlichen Fehler«, als sie 2001 von den Organisatoren des Grand Pavois[125] auch Albert Falco und Denis Martin-Laval auf die Gästeliste setzen lässt. Die beiden Freunde werden als bedeutende Gäste begrüßt. Eine Provokation für Francine! Es geht einfach nicht, dass die Ehemaligen der *Calypso* als Stellvertreter der Gesellschaft auftreten, der sie vor-

124 Das wird auf der Internetseite der Équipe Cousteau immer noch behauptet, obwohl die *Alcyone* gegenwärtig in San Remo, Italien, liegt.

125 International renommierte Wassersportmesse in La Rochelle.

steht, und noch weniger, dass sie im Namen eines Vermächtnisses sprechen, das rechtlich ihr zusteht. Einige Tage später erhält Marie-Françoise ihre Kündigung – aus wirtschaftlichen Gründen. Sie wird aber ihren Prozess gegen die Équipe Cousteau gewinnen, denn das Arbeitsgericht, vor dem sie geklagt hat, sieht diese Kündigung als widerrechtlich an.

Espérance Cillaurren, eine Ozeanografin, tritt an ihre Stelle und erhält den Titel einer Direktorin der Meereswissenschaften. Ihr Gehalt wird von der amerikanischen Cousteau Society bezahlt. Die lächelnde junge Frau mit dem schwarzen Kurzhaarschnitt engagiert sich mit großer Entschlossenheit. Sie zeichnet für einen Artikel verantwortlich, in dem sie die Prioritäten des *Maison Cousteau* in La Rochelle festlegt. »Die Einrichtung einer Abteilung für Meereswissenschaften [...] folgt dem Wunsch, zur Wertschätzung der wissenschaftlichen und technischen Arbeit beizutragen, die von dem äußerst dynamischen Netzwerk der Universität von La Rochelle und den Bildungs-, Forschungs- und Denkmalpflegeeinrichtungen der Stadt geleistet wird«, schreibt sie[126]. Wenn man zwischen den Zeilen liest, dann begreift man, dass die Équipe Cousteau unter den lokalen Akteuren, die im maritimen Umweltschutz aktiv sind, Partner zu finden hofft.

Es beginnen Annäherungsbemühungen.

Eine der Personen, um die man sich bemüht, ist Anne Collet. Die blonde junge Frau aus der Bretagne hat in La Rochelle den Circé gegründet, der für die Erhaltung der Wale arbeitet und über dieses Thema informiert und forscht. Wegen ihrer qualifizierten Arbeit hat sie ein großes Publikum. Sie verfügt über ein fundiertes Fachwissen über die Situation der Wale und Delfine im Atlantik. »Ich habe Francine über die Vermittlung der Abgeordneten von La Rochelle kennengelernt«, erinnert sie sich. »Sie schlug mir vor, mich der Équipe Cousteau anzuschließen, und wollte mir eine wichtige Aufgabe übertragen. Ich war mir nicht sicher, ob mir diese Arbeit gefallen

126 *Calypso* Log Nr. 208-209, November-Dezember 2001.

würde. Ich hatte den Eindruck, dass die Cousteau-Geschichte nicht mehr aktuell ist und dass man damit die neue Generation nicht mehr erreichen kann. Ich habe ihr Angebot abgelehnt und Francine war wirklich beleidigt.« Zwischen dem Circé und der Équipe Cousteau kommt keine Zusammenarbeit zustande. Espérance Cillaurren tritt anschließend an das CRMM (Forschungszentrum für Meeressäugetiere) heran, das der Universität von La Rochelle angegliedert ist. Sie beginnt Gespräche mit Vincent Ridou, dem Direktor. Aber auch hier werden die Verhandlungen abrupt abgebrochen. »Es haben Treffen stattgefunden, und wir haben genau beschrieben, wie unsere Arbeit im Atlantik aussieht«, erinnert sich Olivier Vancaneyt, Leiter des CRMM. »Wir haben eine Partnerschaftserklärung unterschrieben, aber schon kurz nach den ersten Kontakten hat Espérance die Équipe Cousteau verlassen, und zu einer Zusammenarbeit ist es nie gekommen.« Was die Équipe Cousteau aber nicht daran hindert, das CRMM auf ihrer Internetseite unter der Rubrik »Unsere Partner« aufzuführen.[127] Einige Monate später verlässt Espérance Cillaurren ihrerseits das kleine weiße Haus. Die Schlüssel waren Francine Cousteau im Juni 1998 offiziell ausgehändigt worden. Diese Szene hat eine Kamera festgehalten.

> »Ich öffne Ihnen die Pforten zum Paradies«, erklärte damals Michel Crépeau, in bester Laune. Ohne zu ahnen, dass er die Tore zur Hölle aufstieß.

Und doch hatte die Geschichte zwischen La Rochelle und der Équipe Cousteau wie eine Idylle begonnen. Vom ersten Tag an überschlägt sich Michel Crépeau, ist liebenswürdig und verständnisvoll. So geht er z. B. auf die Forderungen der Witwe des Kommandanten ein, als sie von ihm verlangt, dass er die Kosten für den Transport der *Calypso* von Marseille nach La Rochelle zurückerstattet. Es ist Dezember 1998. Francine ist zusammen mit Bob Steele angereist. Ihre gemeinsam gehaltene Ansprache hat folgenden Wortlaut: »Wir

127 www.Cousteau.org, am 30. März 2005.

haben den Transport der *Calypso* aus den Kassen der Cousteau Society bezahlt«, erklären sie. »Dabei waren wir übereingekommen, dass La Rochelle die Kosten für den Transfer des Schiffes von Marseille begleicht. Mit dieser finanziellen Vorleistung bringen wir unsere amerikanische Gesellschaft in große Schwierigkeiten, denn sie muss ihre Steuererklärung vor dem 31. Dezember dieses Jahres abgeben. Um die Rechnung für die *Condock I*[128] zu begleichen, mussten wir unsere Ersparnisse angreifen, die für den Bau der *Calypso II* gedacht waren. Dieses erhebliche Loch auf den Konten unserer amerikanischen Gesellschaft ist für uns nicht hinnehmbar.« Michel Crépeau gehorcht und lässt einen Scheck über 800 000 Franc[129] ausstellen, Begünstigter ist die Cousteau Society. Erneut wird die Équipe Cousteau von jeder finanziellen Beteiligung an der Rettung der *Calypso* freigestellt. Können solche Manöver für die Beziehungen zwischen Francine Cousteau und dem Gemeinderat förderlich sein? Wohl kaum.

Durch den Tod von Michel Crépeau wird die Situation noch schwieriger. Mitten in der Parlamentssitzung vom 23. März 1999 erleidet er einen plötzlichen Herzstillstand. Zwischen den Sitzreihen versuchen zwei herbeistürzende Kollegen erfolglos, ihn wiederzubeleben. Der Bürgermeister stirbt so, wie er gelebt hat, als ein ständig aktiver Politiker. Sein Nachfolger, Maxime Bono, übernimmt das Dossier der *Calypso*, inzwischen eines der Reibungspunkte zwischen der regierenden Mehrheit und der Opposition im Stadtrat von La Rochelle. Auch er versucht dem Projekt wieder Leben einzuhauchen. Aber die Monate vergehen und mit ihnen geht der schleichende und unaufhaltsame Verfall der Calypso weiter. Maxime Bono und sein Finanzberater, Marc Parnaudeau, mahnen Francine Cousteau mehrmals, ihre Unterschrift unter die Vereinbarung zu setzen, aber sie weigert sich beharrlich. Der Bürgermeister von La Rochelle gibt sich wirklich Mühe und schreibt am 18. Dezember 2000 den folgenden Brief. »[...] Wegen der Schwierigkeiten bei der Ausarbeitung der Ver-

---

128 Das Dockschiff hat die *Calypso* von Marseille nach La Rochelle transportiert.

129 120 000 Euro.

einbarung zwischen den drei Parteien, um die die Stadt sich seit nunmehr achtzehn Monaten bemüht, habe ich sowohl von Ihnen als auch von der Anglo-Française als der Besitzerin des Schiffes, vertreten von Monsieur Baillet, ein Bestätigungsschreiben erbeten, in dem Sie beide ihr Einverständnis zu den vorzunehmenden Arbeiten erklären. Bis zum heutigen Tage habe ich keine Antwort von Ihnen erhalten. [...] Sie werden verstehen, dass Ihr Schweigen uns in große Verlegenheit bringt und dass uns ernsthafte Probleme ins Haus stehen, sollte die augenblickliche Situation andauern. [...] Ich werde regelmäßig sowohl von der Presse als auch von der lokalen Öffentlichkeit angesprochen, die nicht verstehen, warum nach unseren Ankündigungen, insbesondere des Restaurierungsprogramms, jetzt nicht mit den Arbeiten begonnen wird.«

Völlige Funkstille

Einige Monate später ist es Patrick Schnepp, der Direktor des Meeresmuseums, der die Équipe Cousteau alarmiert. Die Baufälligkeit der *Calypso* beunruhigt ihn von Tag zu Tag mehr.

Angestellte des Museums mussten den Schiffsrumpf mit zwei Gurten bandagieren, um zu verhindern, dass er aufsplittert. Das Schiff lief Gefahr, auseinanderzubrechen und an seinem Liegeplatz am Kai vollzulaufen.

In einem Brief teilt Schnepp Francine seine Beunruhigung mit und fordert sie auf, zu handeln, bevor es zu spät ist: »Mit dem Ziel, die *Calypso* zu retten, haben La Rochelle und das Meeresmuseum Ihnen unermüdlich Vorschläge unterbreitet – vergeblich«, schreibt Schnepp. »Es gilt jetzt, schnell zu handeln. Weiterhin unentschlossen zu sein, wäre ein schwerer Fehler und würde dem Ansehen der Équipe Cousteau und ihrer Präsidentin schaden. Niemand versteht oder würde verstehen, warum Sie die Hilfe verschmäht haben, die Ihnen die Stadt La Rochelle und das Meeresmuseum zur Rettung dieses legendären Schiffes anbieten.«

Mit diesem Brief handelt er sich am 23. Mai 2001 eine bissige Antwort von Francine Cousteau ein:

»Ich habe immer gesagt, dass ich gemeinsam mit Monsieur Guinness[130] und La Rochelle unterzeichnen würde«, schreibt sie einleitend, »aber nicht mit beiden dasselbe Dokument; und Monsieur Crépeau war damit einverstanden.« Und sie fährt fort:: «Ich lege Wert darauf, ganz entschieden meine riesige Enttäuschung darüber zum Ausdruck zu bringen, welche Gesinnung sich seit dem Tod von Monsieur Crépeau im Zusammenhang mit dem Museumsprojekt entwickelt hat. Zugleich frage ich – und das tun auch unsere Verwaltungsräte – welchen finanziellen Nutzen unsere Gesellschaften von diesem Projekt erwarten dürfen. Darauf habe ich noch keine Antwort bekommen.« Francine Cousteau bringt nun eine ganze Liste mit Beschwerden gegen die Stadt La Rochelle vor. Sie beklagt den Empfang, den ihr die Medien vor Ort bereitet haben, und der nach ihrer Einschätzung »der denkbar übelste war. Darüber hinaus wurde alles getan, um diese Feindseligkeiten völlig grundlos fortzusetzen.« Sie schließt folgendermaßen: »Den Vorschlägen für das *Calypso*-Projekt fehlt es an Format, wenn nicht sogar an Ehrgeiz und sie zeigen in keinster Weise den ursprünglichen Willen, der mich und Monsieur Crépeau verband, nämlich aus ihr ein in aller Welt wahrgenommenes Wahrzeichen für die Zukunft zu machen.» [...]

> »Ich werde die Abtretung der *Calypso* an eine so zögerliche Einrichtung nicht unterschreiben, zumal auch nicht garantiert werden kann, dass es einen finanziellen Vorteil für die Cousteau Society gibt.«

Der Bürgermeister von la Rochelle antwortet persönlich auf den Brief von Francine Cousteau – auch wenn er nicht an ihn gerichtet war. Auf den zwei Seiten, die auf den 11. Juni 2001 datiert sind, verschafft Maxime Bono seinem Ärger Luft. »Ich kann Ihre befremdlichen Äußerungen nicht unbeantwortet lassen«, schreibt er einleitend und

---

130 Der Familienname Guinness schreibt sich mit zwei »n«.

setzt dann nach: »Zum Hintergrund der Angelegenheit schreiben Sie: ›Ich habe immer gesagt, ich würde mit Monsieur Guinness und mit La Rochelle unterzeichnen, aber nicht mit beiden dasselbe Dokument, und Monsieur Crépeau war damit einverstanden.‹ Da ich selbst als erster Beigeordneter von Monsieur Crépeau an zahlreichen Sitzungen teilgenommen habe, erlaube ich mir, Sie daran zu erinnern, dass immer von einem Dokument die Rede gewesen ist.« Maxime Bono kommt dann auf die lange Liste mit Investitionen zu sprechen, die die Stadt La Rochelle seit drei Jahren tätigt: Begleichung der Kosten für den Transport der *Calypso* von Marseille, Renovierung des ehemaligen Kapitänshauses für die Antenne Cousteau, kostenloses Zurverfügungstellen eines 150m²-Lagerschuppens, Finanzierung einer ersten Ausstellung und schließlich die kostenlose Unterbringung der *Alcyone* im Hafen von La Rochelle für sechs Monate. Er schließt mit den folgenden Worten: »Ich habe Ihnen die Projekte des Museums vorgestellt und Sie mehrmals dazu befragt [...] ich habe von Ihnen nicht die geringsten Anzeichen einer Würdigung dieser Projekte durch die Cousteau-Stiftung erhalten. Der Ton, dessen Sie sich bedienen, scheint mir unserer Beziehung, wie sie anfänglich angelegt war, nicht mehr angemessen zu sein.« Die Trennung ist vollzogen, das ursprüngliche Projekt von Michel Crépeau zu Grabe getragen.

> Die begeisterte Hoffnung auf eine Renaissance der *Calypso* als Mittelpunkt im Meeresmuseum von La Rochelle entpuppt sich als tragische Farce.

Die Abgeordneten der Stadt La Rochelle stehen vor einem Trümmerhaufen und sind bestürzt über diese juristische Groteske, die nun wirklich nicht mehr komisch ist. Die Stadt hat ein heikles Problem am Hals. Das berühmteste Schiff der Welt dämmert in einem Hafenbecken vor sich hin und keinerlei Rettungs-, geschweige denn Renovierungsmaßnahmen können ergriffen werden, bevor nicht die Unterschrift von Loël Guinness und Francine Cousteau unter dem Vertrag stehen. Maxime Bono wird dieses unverzichtbare juristische

Papier nie bekommen. Er versucht sich aus der Klemme zu ziehen, indem er neue Partner sucht und neue Lösungen fördert. Aber ein Hindernis nach dem anderen taucht auf. Denn Francine Cousteau denkt nicht an Rückzug.

Nach der Fehde gegen La Rochelle stürzt sie sich jetzt in einen verbissenen Kampf gegen Loël Guinness und Alexandra Cousteau.

KAPITEL 10

Rettung in trübem Wasser

Frühling 2001

Auf der anderen Seite des Atlantiks, in Miami, neuntausend Kilometer von La Rochelle entfernt, beginnt ein neuer Tag. Die Luft glitzert nur so vor Klarheit und Sorglosigkeit. Auf der Suche nach seinem Fahrgast fährt ein kubanischer Taxifahrer geräuschlos die 5th Avenue hinauf. Am Strand von Miami Beach schwärmen die ersten Jogger aus. Der Straßenverkehr gerät ins Stocken, als einige Zugbrücken sich heben und riesige Passagierdampfer passieren lassen, die erst noch durch winzige Kanäle fahren müssen, bevor die Kreuzfahrt in Richtung Bahamas beginnt. Die Sonnenstrahlen, die von den Fensterscheiben der Wolkenkratzer im Zentrum reflektiert werden, hinterlassen schillernde Flecken wie von geschmolzener Bronze. Das diffuse Morgenlicht streift über die Mauern einer Villa am Stadtrand von Miami. Die blonde junge Frau hat gerade im Badezimmer neben ihrem Schlafzimmer geduscht. Jetzt schminkt sie sich. Die blauen Augen ihres Spiegelbildes sehen traurig und sorgenvoll aus. Manchmal fängt der Tag so an.

Die junge Frau heißt Alexandra. Sie ist vierundzwanzig Jahre alt. Das ist noch nichts Besonderes. Ihr Familienname allerdings ist weltweit bekannt. Während sie sich anzieht, wirft der Standspiegel das Bild eines großen, schlanken Körpers zurück, mit dem sie problemlos als Topmodell Karriere machen könnte. Sie nimmt ihre Autoschlüssel von der Kommode, um sich auf den Weg zur Uni von Florida zu machen, wo sie Meeresbiologie studiert. In der Küche drückt sie ihrem geliebten Bruder Philippe-Pierre, der beim Frühstück sitzt, noch einen knallenden Kuss auf die Wange und umarmt ihre Mutter Janice. Die hält ihr einen Briefumschlag hin, der mit blauer Tinte an sie adressiert ist: »Zu Händen von Alexandra Cousteau.« Ein Name, der es einem zurzeit nicht leicht macht. Ein Name, den man nur öffentlich zu nennen braucht, um einen Prozess zu riskieren. Derzeit sind Alexandra und ihre Familie in zwei Verfahren verwickelt, die Francine Cousteau in Frankreich und den USA gegen sie angestrengt hat. Sie wirft ihnen die Gründung der Philippe-Cousteau-Stiftung vor.

Abgesehen von einigen Fotos und den Erzählungen ihrer Mutter Janice hat Alexandra keinerlei Erinnerungen an ihren Vater, den bärtigen Abenteurer, dessen Lebensweg schon genau vorgezeichnet zu sein schien: Er war der Sohn, der das Erbe von Kommandant Cousteau antreten und als sein Nachfolger den Vorsitz in seinen Organisationen übernehmen sollte. Alexandra öffnet den Umschlag und erkennt die feine Handschrift einer Freundin aus Paris, Jocelyne de Pass. Dieses kleine Energiebündel spricht, wie sie schreibt, und umgekehrt. Jocelyne hat früher als Übersetzerin für den Kommandanten gearbeitet. Vor einigen Jahren hat sie eine Biografie über Simone Cousteau geschrieben, die in Kanada verlegt wurde[131]. Ihr Brief ist ein Warnruf, mit dem sie Alexandra wegen des katastrophalen Zustands des Schiffes ihres Großvaters wachrütteln will. Niemand begreift, warum es in den vergangenen vier Jahren nicht mit den ersten Instandsetzungsarbeiten losging. Jocelyne schreibt von ihrem letzten Aufenthalt in La Rochelle. Bei der Besichtigung der *Calypso* wurde ihr übel: Herz und Bauch wollten nicht hinnehmen, dass man das

131 *Simone Cousteau, l'âme de la* Calypso, op. cit.

Schiff von *La Bergère*, das Symbol eines halben Jahrhunderts voller Abenteuer auf allen Weltmeeren, so im Stich lassen konnte. Jocelyne schreibt auch, dass sie begonnen hat, ein Buch zu schreiben, in dem sie einen Blick hinter die Kulissen wirft und die geheime Geschichte der *Calypso* erzählt[132]. Wenn es auch nicht mehr in See stechen wird, so kann das Schiff doch zumindest durch ihre Feder wieder zum Leben erweckt werden. Als Alexandra den Brief in Ruhe wieder zusammenfaltet, entsteht in ihrem Kopf ein Plan. Ein fantastischer Plan, den sie noch am Vortag für unmöglich gehalten hätte. In einigen Tagen geht in Florida das akademische Jahr zu Ende. Wenn sie ihre Prüfungen abgelegt hat, wird Alexandra den Fehdehandschuh aufnehmen und ins kalte Wasser springen.

Die Entscheidung ist gefallen: Sie muss die *Calypso* retten!

»Ich habe das nächste Flugzeug genommen und bin nach Frankreich geflogen. Als ich in La Rochelle das verwahrloste Schiff meines Großvaters sah, kamen mir die Tränen.« Zunächst trifft Alexandra die Abgeordneten der Stadt. Man teilt ihr mit, dass sie für ihre Initiative mit Unterstützung und Ermutigung rechnen kann, denn das Dossier liegt schon allzu lange auf Eis. Bevor sie sich aber noch mehr engagiert, muss erst Guinness gefunden werden, was das Schwierigste an der Sache sein dürfte. Ohne seine Zustimmung geht gar nichts. Mehrere Wochen versucht Alexandra, den Besitzer der *Calypso* ausfindig zu machen. »Loël war nie da, wo ich ihn zu finden hoffte!«, sagt sie mit ihrem leichten amerikanischen Akzent, der ihrem Französisch diese aparte Note gibt. Dann ist ihre Suche plötzlich zu Ende, beinahe zufällig.

»Ich hatte in einem Hotel in Florenz übernachtet«, erinnert sie sich. »Am nächsten Morgen gehe ich zum Frühstück hinunter und treffe das Phantom, dem ich auf der Spur war: Loël Guinness. Ein sehr schlanker Mann um die fünfundvierzig; ich nehme ihm gegenüber

---

132 *Moi,* Calypso. *Autobiographie secréte d'un bateau de légende.* op. cit.

Platz. Er ist elegant, zurückhaltend, trägt Markenkleidung und spielt sehr distanziert die Rolle des vermögenden Familienerben. Er spricht mehrere Sprachen. Sehr schnell kommen wir in unserem Gespräch auf das Thema *Calypso*.« »Was hier seit vier Jahren passiert, ist eine Desaster,« vertraut Loël Alexandra an. »Ich bin entschlossen, eine alternative, glaubwürdige Lösung zur Rettung des Schiffes zu unterstützen.«

Die beiden fühlen sich mehr und mehr wie Komplizen: Während der Unterhaltung zeigen sich gegenseitiges Verständnis und Wertschätzung. Loël Guinness ist bezaubert von Alexandras gelassener Kraft, die Legitimation durch ihren Namen beeindruckt ihn. Er lässt sie wissen, wie sehr er die Sache leid ist. Seit Jahren weigert sich Francine Cousteau, irgendein Dokument gemeinsam mit ihm zu unterschreiben. Die Situation ist unerträglich, und inzwischen ist er bereit, sein Schiff einer Gesellschaft zu überlassen, die seine Restaurierung übernehmen würde. Guinness weiß, dass jeder Tag zählt. Er zeigt Alexandra den jüngsten Brief von Maxime Bono. 2001 schrieb ihm der Bürgermeister von La Rochelle:

»So können wir nicht mehr lange weitermachen,
umso weniger, als der augenblickliche
Zustand des Schiffes Zweifel daran aufkommen lässt,
ob es überhaupt noch ausreichend Auftrieb hat. «

»Ich glaube, das beste Vorgehen bestünde darin, ad hoc eine Gesellschaft zu gründen, die die Nutzung der *Calypso* garantieren könnte. Die Stadt La Rochelle würde sich durch eine Vereinbarung mit besagter Gesellschaft zur Unterstützung verpflichten, insbesondere in finanzieller Hinsicht.«

Guinness bittet die Enkelin des Kommandanten, nach Frankreich zu ziehen, um die Sache aus der Nähe verfolgen zu können. Alexandra ist einverstanden und schlägt dann kurz entschlossen vor, die Calypso-Stiftung zu gründen, eine karitative Organisation mit Sitz in Miami und mit ihr als Präsidentin. Loël Guinness ist einverstanden und verspricht, dass die Anwälte seiner Privatbank, der Anglo-Française, die Aktion in juristischer Hinsicht prüfen werden.

Alexandra ist zuversichtlich, obwohl sie und Francine sich schon als gegnerische Parteien in einer Streitsache gegenüberstehen. Denn warum sollte die zweite Frau ihres Großvaters sich einer Instandsetzung der *Calypso* widersetzen?

Diese Hoffnung wird sie sehr schnell aufgeben müssen.

Ein Konkurrenzunternehmen? Unmöglich! Erneut beauftragt Francine einen Rechtsanwalt in New York mit dem juristischen Gegenschlag. In gepflegtestem Stil rät ihr Malcom I. Lewin am 25. September 2001 zu einigen Taktiken vorab – bevor eventuell ein Prozess angestrengt wird. »Unser Vorgehen sollte darin bestehen, Alexandra Cousteau und Loël Guinness zu umschmeicheln, ihr Vertrauen zu gewinnen, Informationen zu bekommen und sie auf gar keinen Fall zu verschrecken. Wir geben uns nicht unmittelbar als Konkurrenten zu erkennen. [...] Wir stellen ihnen nur freundliche Fragen, damit sie hinsichtlich unserer wahren Absichten keinen Verdacht schöpfen.« Und das Beste kommt zum Schluss: »Wenn das in Frankreich legal ist, würde ich Ihnen sehr nahelegen, alle Telefongespräche, die Sie mit den betreffenden Personen in dieser Angelegenheit führen, aufzunehmen. In New York sind solche Mitschnitte völlig legal und können in Zivil- und in Strafprozessen vor Gericht verwendet werden.« Es ist ziemlich naiv von Alexandra zu glauben, sie könnte Francine Cousteau für ihr Projekt gewinnen. Am 2. Juli 2002 schreibt sie ihr: »Wir wünschen uns nicht nur Ihre Teilnahme, wir rechnen auch fest damit. Denn sicherlich ist es für Sie eine Herzensangelegenheit, dass das Symbol des Lebenswerkes meines Großvaters wieder zu neuem Leben erwacht.«

Dann überstürzen sich die Ereignisse.

Einige Tage später folgt Francines Ankündigung, die *Calypso* werde in New Rochelle[133] erwartet. Bürgermeister Timothy Idoni bestätigt, dass das berühmte Schiff an ein geplantes Projekt ange-

---

133 Die Partnerstadt von La Rochelle ist eine der bedeutendsten Vororte im Norden von New York.

schlossen wird, mit dem seine Stadt zur Meerseite hin neu gestaltet werden soll. In einer Meldung an die Nachrichtenagentur Reuters[134] weist er auch darauf hin, dass die Instandsetzungsarbeiten mehrere Millionen Dollar kosten werden und dass seine Stadt sich dabei auf die Finanzierungshilfen von Unternehmen und Privatspenden stützen muss. Diese Mitteilung zitiert auch Francine Cousteau und erklärt: »Diese Lösung ist genau die, die sich Kommandant Cousteau für sein Schiff wünschte.«

> Die *Calypso* in den USA? Dieser Vorschlag löst in Frankreich einen Schock aus.

Francine dementiert die Einigung nicht, interpretiert sie aber auf ihre Weise: »Wir haben dort die Finanzmittel gefunden, die wir brauchen, um das Schiff zu restaurieren, d. h. 3 bis 4 Millionen Euro. Ziel ist aber auch, sie nach der Instandsetzung wieder nach Europa zurückzuholen. Es stand nie zur Debatte, die *Calypso* abzugeben, wir wollen sie nur reparieren lassen. Auf diese Weise könnten wir das Schiff und das Lebenswerk des Kommandanten zwischen den beiden Städten aufteilen.«[135] Diese erneute Wendung lässt bei Patrick Schnepp Zweifel aufkommen. Für den Direktor des Meeresmuseums von La Rochelle ist die *Calypso* wegen ihrer Baufälligkeit nicht transportfähig. Zu diesem Ergebnis war auch die jüngste Expertise gekommen. Am 20. September 2001 verfasst Joseph Morvan, Schiffsexperte aus La Rochelle, ein Gutachten, das am schlechten Zustand des Schiffes keine Zweifel lässt: »Eine Inaugenscheinnahme der Elemente des Tragwerks in den zugänglichen und sichtbaren Bereichen unterhalb der Brücke, das Gerüst des Schiffes, lässt auf einen sehr schlechtem Zustand schließen. [...] Mein Fazit: Das Tragwerk scheint mir in einem sehr kritischen Allgemeinzustand zu sein und ist kaum zu reparieren.« Und besser noch: Keine Versicherungsgesellschaft will die *Calypso* mehr versichern.

---

134 Vom 10. Juli 2002.

135 So der *Nice-Matin* vom 31. Juli 2002.

»Die *Calypso* sieht aus wie ein Wrack,
dessen Zerfall über kurz
oder lang vorprogrammiert ist«,

schreibt der Versicherungsvertreter der AGF aus La Rochelle. »[...] Kein Versicherer kann ein Wrack versichern, das trotz Sicherheitsvorkehrungen jeden Augenblick sinken kann.«[136] Und in der Tat wird es für die *Calypso* keine Überquerung des Atlantiks in Richtung New Rochelle geben. Aber die Erklärungen der Équipe Cousteau sorgen zu einem für sie sehr heiklen Zeitpunkt für Ablenkung. Es geht darum, Alexandra Cousteau und Loël Guinness den Wind aus den Segeln zu nehmen, der sie auf ihrem gemeinsamen Weg voranbringt. Die Cousteau Society zieht alle Register, auf die Gefahr hin, dabei selbst zu Fall zu kommen. Im Namen von Francine warnt Jean-Léopold Renard, ein Rechtsanwalt aus Marseille, den Bürgermeister von La Rochelle vor dem drohenden »Versuch einer Gesellschaft [die Anglo-Française], sie [die *Calypso*] ohne einen Eigentumstitel zurückzubekommen.« Rechtanwalt Renard fügt hinzu: »Aus den offiziellen Registern ist ersichtlich [...], dass die Anglo-Française keinerlei Besitzansprüche am Schiff hat, auch wenn sie das Gegenteil behauptet.«[137] Drei Jahre später verkündet derselbe Rechtsanwalt für dieselbe Mandantin im Rahmen eines Prozesses vor dem Gericht in Paris genau die gegenteilige Behauptung, nämlich, die *Calypso* sei sehr wohl Eigentum der Anglo-Française[138].

Abseits des juristischen Wirbels lässt sich Alexandra mit nostalgischen Gefühlen in Paris nieder. Sie ist wieder im Viertel ihrer Kindheit, mietet ein kleines Haus, wenige Meter entfernt von den Räumlichkeiten der ehemaligen Cousteau-Stiftung in der Villa Wagram

136 Brief vom 30. Juli 2002 an die städtische Hafenverwaltung des Yachthafens von La Rochelle.

137 Schreiben vom 22. August 2002.

138 Weitere Ausführungen dazu in Kapitel 12.

und von der Privatwohnung ihres Großvaters. »Damals habe ich in den USA fast alles aufgegeben«, erinnert sie sich.

»Ich wollte, dass mein Projekt Erfolg hat. Zur Erinnerung an meinen Großvater, selbstverständlich, aber auch als Hommage an meinen Vater, der vor seinem Tod mehrere Kapitel zur Geschichte der *Calypso* beigetragen hat.«

Die Anwälte von Loël Guinness sind aktiv geworden. Am 27. Juni 2002 unterzeichnet seine Privatbank, die Anglo-Française, mit Alexandra einen Mietvertrag, in dem geregelt ist, dass das Schiff ihrer Stiftung zehn Jahre zur Verfügung steht. Die notwendigen Finanzmittel muss sie selber auftreiben. Die Stadtverwaltung von La Rochelle klammert sich an dieses neue Projekt wie an einen Rettungsring. In einem Brief an die Anglo-Française[139] schreibt der Bürgermeister hocherfreut: »Unsere Stadt ist bereit, ihren Verpflichtungen nachzukommen und einen Ausschreibungsfond beizusteuern [...], der sich auf maximal 75 000 Euro beläuft.« Eine wunderbare Neuigkeit! Alexandra ist unterdessen nicht untätig. Sie bittet die Werft Gamelin um einen ersten Kostenvoranschlag die Wiederherstellung der zur .Betriebssicherheit der *Calypso*. Einige Ehemalige kommen auf sie zu, bieten ihr Rat und Unterstützung an. Albert Falco ermutigt sie, Bernard Deguy stellt ihr seine Sachkenntnisse zur Verfügung. Ein ehemaliger Taucher von Cousteau, François Dorado, bringt im Internet eine Petition in Umlauf, die Hunderte von Verehrern der *Calypso* unterschreiben. Kurzum, selbst sehr skeptische Gemüter werden von der Euphorie angesteckt. Die Zeitungsartikel fangen an, Francine Cousteau als erledigt zu betrachten. »Mit Unterstützung von Loël Guinness hat Alexandra eine Stiftung gegründet, deren Aufgabe es ist, die Instandsetzungskosten des Schiffes zu finanzieren«, schreibt Thomas Brosset. »Eine dreiparteiliche Einigung ist nicht mehr nötig. Die Cousteau Society ist draußen und mit Francine Cousteau.«[140]

---

139 Vom 7. August 2002.

140 Aus einem Artikel im *Sud-Ouest* vom 20. August 2002.

Aber so leicht ist die Partie nicht zu gewinnen.

In Paris verliert Francine die Beherrschung und überschüttet ihre nächsten Mitarbeiter mit einem wahrhaft homerischen Zornesausbruch. Sie schaltet ihre Anwälte ein. Es ist an ihnen, die Schwachstelle in diesem Maßnahmenkatalog zu finden, der sie aufs Abstellgleis stellen würde, denn er entzieht ihr jedes Einspruchsrecht hinsichtlich der Zukunft der *Calypso*. Die Auseinandersetzung bekommt wieder ein juristisches Vorzeichen. Francine erhebt vor einem Gericht in Florida Anklage gegen die Calypso-Stiftung. Ihre Rechtsvertreter werfen Alexandra und Loël Guinness vor, den Namen des Schiffes in ihrem Stiftungsnamen zu verwenden. Die *Calypso* ist aber, so führen sie in ihrem Plädoyer aus, eine Handelsmarke, die der Witwe des Kommandanten gehört. Niemand außer ihr darf frei darüber verfügen, geschweige denn mit diesem Namen Geldmittel für die Restaurierung des Schiffes ihres Mannes sammeln. Der Prozesstermin wird auf den 1. September 2002 festgelegt. Vorher aber geht eine Flut von vertraulichen Schreiben zwischen den Rechtsanwälten von Francine Cousteau und Loël Guinness hin und her. Wie gewöhnlich geht es darum, zu verhindern, dass die Anhörung vor einem vorsitzenden Richter, dessen Urteil man nie vorhersehen kann, zur Falle wird. Es kommt zu Mauscheleien hinter den Kulissen. Ohne Sentimentalitäten werden die Argumente und Anliegen der einen und der anderen Seite vorgebracht.

Am 27. August 2002 findet ein Telefongespräch zwischen Philippe Brunswick, dem Pariser Anwalt von Francine Cousteau, und Fabrice Goguel, dem Gegenanwalt, statt.

Rechtsanwalt Goguel drängt darauf, dass vor dem Prozesstermin eine einvernehmliche Lösung gefunden wird. Dann geht er auf die beiden Säulen ein, auf die sich – für den Fall, dass die Klage aufrechterhalten werden sollte – sein Plädoyer gegen die Cousteau Society stützen wird. Zunächst betont er, dass Francine Cousteau nicht in der Lage ist, die Instandhaltung der *Calypso* zu garantieren, wodurch massive Schäden am Schiff entstehen. Er beabsichtigt des Weiteren, danach zu fragen, wie man die Versicherungsgelder, die der Cousteau Society nach dem Schiffbruch in Singapur ausgezahlt wurden, verwendet hat.[141] Im weiteren Fortgang der Unterredung weist Guinness' Anwalt darauf hin, dass angesichts der Tatsache, dass der Prozess öffentlich geführt wird, die Presse seine Argumente mit höchstem Vergnügen nachbeten wird. Was aber offensichtlich kaum im Sinne einer der beiden Parteien wäre. Schließlich gibt er sich zuversichtlich. »Mein Klient, Loël Guinness, sagte mir, das einzige Ziel der Calypso-Stiftung sei die Instandsetzung des Schiffes, das als Museumsstück, als ein Stück Geschichte erhalten werden soll. Seiner Ansicht nach ist nicht beabsichtigt, die *Calypso* als ozeanografisches Forschungsschiff einzusetzen, denn sie ist nicht mehr seetüchtig. Wir werden also in keinem Konkurrenzverhältnis zu den Cousteau-Gesellschaften und ihren Aktivitäten stehen.« Zu guter Letzt betont Fabrice Loël Guinness' Wunsch, in dieser strittigen Angelegenheit ganz unparteiisch zu sein. Kurz und gut, sein Klient möchte sich weder mit Francine noch mit Alexandra Cousteau anlegen.

Ist die Botschaft angekommen?

Einige Tage später antwortet Philippe Brunswick in einem mit »streng vertraulich« überschriebenen Schriftsatz: »Wir sind bereit, mit Monsieur Guinness in Verhandlung zu treten, allerdings nur unter den folgenden Bedingungen:

1. Guinness gibt jede Verwendung des Namens Calypso auf und sorgt dafür, dass dies in Frankreich und den USA auch in die Tat umgesetzt wird.

2. Guinness und seine Partner müssen jegliche Geschäftsbeziehung zu Alexandra Cousteau, ihrem Bruder und ihrer Mutter beenden.

Solange diese beiden Bedingungen nicht erfüllt werden, sind wir entschlossen, den Rechtsweg bis zum Ende zu gehen, und es liegt nahe, was das für Sie bedeutet.«

---

141 Es sei daran erinnert, dass am 22. Februar 1996 die Versicherungsgruppe Césam der Cousteau Society einen Scheck über 6 Millionen Franc für den Schiffbruch der *Calypso* in Singapur ausstellte. Mehr dazu in Kapitel 6.

Loël Guinness hat schnell begriffen: Er bittet seinen Anwalt, die Sache fallen zu lassen. Zumal eine sehr private Auseinandersetzung mit Francine keinerlei Zweifel gelassen hat: Sie wird die Sache zu Ende bringen, koste es was es wolle – und mit welchen Enthüllungen auch immer das verbunden sein mag. Aus Angst vor einem Prozess, der ihn ins Rampenlicht stellt, ihn, der doch in seinem Geschäfts- wie auch seinem Privatleben immer die größtmögliche Diskretion erwartet, gibt Loël auf. Alexandra hat sich einen großen Milchcafé bestellt. Sie sieht mich mit dem leicht traurigen Blick an, den sie von ihrem Vater geerbt hat. »Ich war auf Reisen«, erinnert sie sich. »Zu diesem Zeitpunkt hatte ich schon 8 Millionen Dollar für die Restaurierung der *Calypso* aufgetrieben. Da bekomme ich einen Anruf von Loël Guinness' Anwalt. Er bittet mich, aus dem Projekt auszusteigen und erklärt mir, dass sein Klient keinen Prozess riskieren möchte, von dem er fast sicher sein kann, dass er ihn verliert. Er verlangt außerdem von mir, mich nicht mehr öffentlich in dieser Angelegenheit zu äußern. Kurz und gut, er erklärt mir höflichst, dass ich verschwinden soll!« Alexandra trinkt einen Schluck.

»Ich bin in die USA zurückgefahren«, sagt sie. Ich war so verzweifelt, dass ich über die Geschichte mehrere Monate lang nicht sprechen konnte.« Mit dem Handrücken streicht sie sich eine blonde Haarsträhne aus der Stirn. Ihr Kummer ist groß, ihr Blick verliert sich im Ungewissen.

Alexandra ist draußen!

Der schnöde Alltag der *Calypso* macht seine Rechte wieder geltend. Patrick Schnepp nimmt den Trümmerhaufen in Augenschein: »Furchtbar, diese Geschichte«, stöhnt er. »Es wird ein Vermögen für Anwaltshonorare bezahlt, um Bildrechte zu verteidigen. Was uns aber interessiert, das ist das Recht dieses Schiffes darauf, nicht unterzugehen. Wir sprechen von ganz verschiedenen Dingen. Ich mache mir Sorgen um diejenigen, die die Geschichte der *Calypso* mit großer Leidenschaft verfolgen. Denkt man auch nur eine Sekunde an die?« Wütend zündet er sich eine Zigarette an. Der Direktor des Meeresmuseums hat jegliche Illusion verloren und stellt sich nur noch eine einzige Frage: Wie lange wird sie noch schwimmen können?

Damit die *Calypso* nicht plötzlich sinkt, muss der technische Dienst des Jachthafens von La Rochelle zwei Laderaumpumpen einbauen, die ständig schmutziges Wasser aus dem Inneren des Schiffes abpumpen. Jeden Tag gehen Besucher des Meeresmuseums vorbei, entsetzt beim Anblick eines Schiffswracks, an dem Rost und Holzfäule miteinander wetteifern. »Das ist das berühmte Schiff von Kommandant Cousteau?« fragen sie voll Empörung. Die Angestellten haben die größte Mühe, ihnen zu erklären, dass die *Calypso* nicht dem Museum gehört, dass es ihr nur eine Anlegestelle am Kai zur Verfügung stellt. Das Schiff von Kommandant Cousteau hat sich in einen Unterschlupf für Clochards und Obdachlose auf Durchreise in La Rochelle verwandelt. Ein Besuch an Bord reicht aus, um diesen Eindruck zu bestätigen: In der Messe und den ehemaligen Kabinen hat der Vandalismus gewütet. Die Toiletten sind mit Exkrementen verstopft. Überall liegen Bierdosen und leere Weinflaschen herum, Kerzen, die am Mobiliar mit Wachs festgetropft sind, Medikamentenbeipackzettel, auf denen Verhaltensweisen bei Drogensubstitution beschrieben werden. Herumliegende fettfleckige Bettdecken zeugen von regelmäßigen Besuchern, denen sicher nie in den Sinn gekommen ist, dass eine solche Belagerung die kollektive Erinnerung in den Schmutz ziehen könnte. Nachdem sie erst geplündert und dann den Angriffen von Vandalismus ausgesetzt war, wird die *Calypso* jetzt auch noch besetzt wie ein leerstehendes, abbruchreifes Haus – eine zusätzliche Erniedrigung.

Schon bei ihrer Ankunft in Marseille im Jahr 1996 hat die Équipe Cousteau die gesamte historisch wertvolle Ausrüstung demontieren lassen: zwei magnetische Kreiselkompasse, eine bronzene Schiffsglocke, das Schild mit dem Namen des Schiffes und seines Heimathafens Toulon in Messinglettern, aber auch ein Barometer mit Aufzeichnungsgerät, Rettungsringe, Bullaugen, ein Nebelhorn und sogar ein beschädigtes altes Gewehr. Kurz nach dem Transport nach La Rochelle lässt Francine Cousteau das Steuerrad ebenso wie das berühmte grüne Schild mit dem Calypso-Logo, das am Schornstein des Schiffes angebracht war, entfernen. Die Anglo-Française ist damit keineswegs einverstanden. Die Bank von Loël Guinness fordert von Francine die Herausgabe des Materials, das zu seinem Schiff gehört. Eine lästige Angelegenheit. Da sie nicht Eigentümerin der *Calypso* ist, hat die Équipe Cousteau von Rechts wegen keinen Anspruch auf das Mobiliar. Muss man vor Gericht ziehen, um eine Entscheidung zu erwirken? Die Anglo-Française ist dazu bereit. Sie zitiert die Cousteau Society per einstweiliger Verfügung vor das Gericht von La Rochelle. Die Anhörung ist auf den 12. Februar 2002 festgelegt. Sie wird aber nicht stattfinden. Denn eine Woche vorher, am 6. Februar 2002 unterschreiben Christian Baillet (für die Anglo-Française) und Francine Cousteau (für die Cousteau Society) eine Vergleichserklärung, in der darauf hingewiesen wird, dass es zwischen ihnen einen Streit gibt »betreffs des Eigentumsrechts an vier Gegenständen, die zur Ausrüstung der *Calypso* gehörten, und zwar ein Schild »Calypso Toulon«, ein Chadburn und zwei Magnetkompasse A und B« Die beiden Parteien sind einverstanden, das Meeresmuseum von La Rochelle als Zwangsverwalter[142] der Streitobjekte einzusetzen. Aus einem weiteren Satz der Erklärung geht allerdings hervor, dass die Uneinigkeit sich nicht auf diese vier Gegenstände beschränkt. »Die Gesellschaft Anglo-Française wurde außerdem darüber informiert, dass sich noch weitere Ausrüstungsgegenstände der *Calypso*, insbesondere das Steuerrad, in den Händen der Cousteau Society[143] befinden sollen«, heißt es in diesem Text genauer, der im Streitfall zwischen Francine Cousteau und Loël Guinness ein vorläufiges Ende herbeiführen will.

Aber die guten Vorsätze halten nicht lange.

Im Hafen von La Rochelle gewinnt der Rost den Kampf gegen die Zeit. Er befällt jede Schraube und jedes Metallteil dieses ehemals so strahlenden Schiffes.

---

142 Das bedeutet, dass sich das Museum verpflichtet, die Gegenstände aufzubewahren, bis eine endgültige juristische Entscheidung getroffen ist.

143 Das Steuerrad der *Calypso* befindet sich in den Räumlichkeiten des Geschäftssitzes der Équipe Cousteau in der Avenue Kleber in Paris.

Patrick Schnepp fasst die Situation lapidar zusammen: »Alles, was nicht verrottet ist, ist kaputt und alles, was nicht kaputt ist, ist verrottet!« Die Équipe Cousteau hat immer noch nicht die geringsten Instandhaltungsarbeiten auf dem Schiff in Angriff genommen, für das sie nach dem Chartervertrag verantwortlich ist. Dieser wurde vor Jahrzehnten zwischen der Anglo-Française und der Équipe Cousteau geschlossen und ist seither immer wieder verlängert worden. Immerhin würde es reichen, eine einfache Plane zu spannen, um den Schiffsrumpf zu schützen. So könnten die Bakterien im Regenwasser das Verrotten des Holzes zumindest nicht weiter beschleunigen. Seitdem die *Calypso* in La Rochelle liegt, hat die Gesellschaft, abgesehen von einigen Sachverständigengutachten, keinen Centime ihres Budgets für den Unterhalt ausgegeben.

Das Journal der Équipe Cousteau bittet ihre Mitglieder aber regelmäßig um zusätzliche Spenden für die Rettung des legendären Schiffes. So zieht eine Seite in der Ausgabe der *Calypso Log* von Dezember 2002–Januar 2003 die Blicke auf sich. Ein Foto zeigt die *Calypso* in voller Fahrt auf offenem Meer. Voller Schneid, stolz und schnittig! Unter dem Titel »Lasst uns gemeinsam die *Calypso* retten« erfährt der Leser, dass »die Begutachtung des Schiffsrumpfes schon durchgeführt wurde und nun erste Arbeiten für den Erhalt des Schiffes begonnen werden.« Francine bittet die Mitglieder um ihre Hilfe bei der Wiederherstellung des Schiffes ihres Mannes. Man braucht nur einen Coupon auszufüllen und einen Scheck zu schicken – über 35, 45, 75 Euro oder mehr

Sechs Monate später steht in einer anderen Ausgabe der *Calypso Log*[144], dass »die Rettungsmaßnahmen an dem Schiff in vollem Gange sind und die Arbeit gut vorangeht. «

Noch eine Unwahrheit. Und wieder werden die Mitglieder gebeten, ihr Portemonnaie zu zücken. In all ihren Druckerzeugnissen zum Thema *Calypso* erzählt die Équipe Cousteau ihren Lesern und Spendern jahrelang Lügen (durch Auslassung oder auf dem Wege

---

144 Nummer 220 vom Juni 2003.

der Auslegung). So kann man in der Nummer 208-209 der *Calypso Log*[145] einen Artikel von Marc-Olivier Pagès lesen, der die fünfzig abenteuerlichen Jahre der *Calypso* nacherzählt, ohne dass auch nur ein einziges Mal der Name der *La Bergère* fällt. Der letzte Absatz seines vierseitigen Textes lautet:

> »Heute ist das Schiff wieder fit und hat
> seinen letzten Heimathafen in La Rochelle gefunden.
> Ein wohlverdienter Ruhestand!«

In der gesamten externen Kommunikation der Équipe Cousteau wird die *Calypso* auf eine gelinde gesagt originelle Weise dargestellt, die wenig mit der tatsächlichen Situation des Schiffes zu tun hat. So steht auf der Internetseite der Gesellschaft: »Die *Calypso* ist zum Symbol von Cousteaus Abenteuern geworden.« Wenn man den katastrophalen Zustand des Schiffes bedenkt, ist das sicherlich keine sehr gelungene Formulierung. Und weiter unten heißt es: »Die stolze *Calypso* ist jetzt bereit zu einer letzten Mission: Für kommende Generationen das außergewöhnliche Leben des Kommandanten Cousteau zu dokumentieren. Sie war ein Kind des Krieges und wurde zur Botin für den Frieden und für den Schutz der Meere und Gewässer unserer Erde zugunsten zukünftiger Generationen.« A propos Gewässerschutz: Die *Calypso* selbst versucht vergeblich, dem Regenwasser standzuhalten, das in ihren Kielraum fließt und ihre Beplankung und ihre Spanten täglich mehr zerstört.

Was tun mit diesem Schiff, das die besten Absichten zum Erliegen bringt und an dem sich alle die Finger verbrennen, die sich ihm nähern? Ein Tag jagt den nächsten. Nachdem sie sich gegenseitig gedroht haben, über ihre Anwälte, Klage zu führen, begreifen Francine Cousteau und Loël Guinness, dass sie besser daran tun, sich anzunähern. Eine Absprache ist unumgänglich geworden. Die Situation, in die man die *Calypso* gebracht hat, wird immer unerträgli-

---

145 November-Dezember 2001.

cher. Die Tagespresse lässt keine Gelegenheit aus, um die Episoden dieser unendlichen Geschichte mit ihren immer neuen Wendungen zu schildern und mit dem Finger auf die beiden Personen zu zeigen, die von Rechts wegen verantwortlich für das Schiff sind: Guinness und Francine Cousteau. Loël Guinness lässt einen seiner Anwälte, Rechtsanwalt Goguel, Francine die Gründung von Arionis vorschlagen. Zur gegenseitigen Kontrolle ernennen sich Fabrice Goguel und Francine Cousteau zu Vizepräsidenten dieser Gesellschaft, deren Statuten am 22. Januar 2003 im Polizeipräsidium von Paris hinterlegt werden.

Artikel 2 gibt genauere Auskunft:

> »Das Ziel von Arionis ist die Rettung, die Unterhaltung und die öffentliche Zugänglichmachung des Schiffes *Calypso* [...] seine Bereitstellung für die Öffentlichkeit.«

Ein weiterer Satz stellt klar, dass »die Gesellschaft Arionis anerkennt, dass sie mit der *Calypso* ein Schiff in schlechtem Wartungszustand in Besitz nimmt.« Was für ein Euphemismus! Aber weder Guinness noch Francine werden einen einzigen Cent in die Restaurierung des Schiffes stecken, um das sie sich doch nach dem Wortlaut ihrer gemeinsamen Verpflichtung kümmern müssten. Das hält Francine aber nicht davon ab, dem Bürgermeister von La Rochelle die »frohe Botschaft« zu verkünden und dann dem *Sud-Ouest*[146] gegenüber zu erklären: »Loël Guinness und ich steuern bereits jetzt 75 000 □bei; zusammen mit den 75 000 □, die von der Stadt La Rochelle bewilligt wurden, wird diese Summe den Beginn der Instandsetzungsarbeiten in den kommenden Wochen ermöglichen.« Es muss wohl nicht extra erwähnt werden, dass wie üblich keine Sanierungsarbeiten stattfinden.

Patrick Schnepp nimmt diese Nachricht beiläufig zur Kenntnis. Für ihn ist die Sache klar.

---

146 In der Ausgabe vom 22. November 2002.

»Es wäre gut, erklärt er, wenn man von Zeit zu Zeit den Rat von Spezialisten einholen würde. Hier im Meeresmuseum von La Rochelle ist es unser Arbeitsgebiet, alte Schiffe wieder instandzusetzen.

Es wird von Tag zu Tag offensichtlicher, dass die *Calypso* nicht mehr restauriert werden kann. Da wurde zu lange gewartet! Jetzt wäre die einzige Lösung, das Schiff in einer öffentlichen Zeremonie zu versenken, wie *La Bergère* es sich immer gewünscht hat.«

Diese Vorstellung ziehen Loël Guinness und Francine Cousteau nicht eine Sekunde lang in Betracht. Der eine nicht aus Respekt vor seinem Familienerbe, die andere nicht, weil die *Calypso*, wenn man sie in ein museales oder kommerzielles Gesamtkonzept einbindet, eine prächtige Finanzquelle darstellen könnte. Man wartet ab und nichts geschieht! Bei Arionis sehen sich die falschen echten Freunde scheel an. Einer lauert auf eine Bewegung des anderen. Aber dieser status quo führt zu einer Bewegungslosigkeit, die die *Calypso* zugrunde richtet.

Könnte die Lösung nicht woanders liegen?
Zum Beispiel in Marseille?

CALYPSO
TOULON

KAPITEL 11

Der Clan aus Marseille

Denis Martin-Laval strahlt über das ganze Gesicht, als er auf den Schalter drückt.

»Schau' mal, das ist die Erfindung des Jahrhunderts!«, erklärt er, während sich sämtliche Fensterläden in seinem Haus vollkommen gleichzeitig öffnen. Er stürzt in das alte restaurierte Landhaus, das geschützt unter dem Blätterwerk der Macchia von Aubagne steht. Und kommt augenblicklich wieder heraus, ein Schiffsmodell in den Händen. »So weit bin ich!« Albert Falco sitzt auf der Terrasse. Denis stellt die Miniatur-*Calypso* auf einen Gartentisch aus Teakholz, den die Sonnenstrahlen des Frühjahrs 2004 wärmen. Bébert, sein alter Kumpel, findet Gefallen an der Arbeit seines Freundes. »Du bist aber gut vorangekommen. « »Schau mal«, sagt Denis, »ich habe deine Kabine neu gemacht, so wie du es wolltest. Ich habe das Waschbecken versetzt und für den Wasserhahn habe ich eine Spritzennadel benutzt!« Vor einigen Wochen hat er sich entschieden, ein Modell der *Calypso* mit sämtlichen Details zu bauen. Bébert macht den technischen Berater. Nachts schläft Denis kaum noch.

Unter seinen Händen erwacht das Schiff des Kommandanten zu neuem Leben, von der Küche bis zur Kabine von *La Bergère* ist alles da. Vierzig Zentimeter Leidenschaft und Erfindungsreichtum! »Ich habe sogar den Medikamentenkoffer hineingesetzt, der in der Messe unter dem Kunstledersitz lag.« In zwanzig Metern Entfernung schreit ein Esel und wagt einen kurzen Galopp durch das saftige Gras.

11. Mai 2004

Albert Falco und Denis Martin-Laval beziehen auf einem Kai des Meeresmuseums von La Rochelle vis-à-vis der echten *Calypso* Stellung. Das Schiff liegt in den letzten Zügen. Mit einer Pumpe wird das Wasser, das sich im Laderaum angesammelt hat, hochgepumpt und fließt über ein Rohr nach draußen ab. Die beiden Freunde haben die Reise von Marseille hierher zusammen mit einem kleinen, dunkelhäutigen Mann gemacht, der seinen Augen nicht traut. Alain Foret schüttelt den Kopf, als er die *Calypso* zum ersten Mal als Schiffswrack sieht. »Das ist ein Skandal«, sagt der Generalsekretär des französischen Taucherverbandes[147]. »In meiner Jugend«, erinnert er sich, »habe ich immer zugesehen, dass ich am Sonntagabend gegen 18 Uhr zu Hause war, damit ich die Abenteuer dieses Schiffes im Fernsehen mitverfolgen konnte. Meine Helden hießen Cousteau und Falco.« Das Rad der Geschichte hat sich inzwischen weitergedreht.

Heute fordert ihn Albert Falco auf, über die Schiffsreling zu klettern und dem, was von der *Calypso* übrig geblieben ist, einen Besuch abzustatten. Vorsichtig setzt Alain Foret den Fuß auf das, was von diesem Mythos noch erhalten ist, und denkt dabei an eine kürzlich geführte Unterhaltung mit Jean-Marie France. Der letzte Chefmechaniker der *Calypso* schlug Alarm:

---

147 Die offizielle Bezeichnung ist FFESSM (Fédération française d'études et de sports sous-marins – Französischer Verband für Unterwasserforschung und Unterwassersport).

> »Mich macht es krank, das Schiff in diesem
> Zustand zu sehen!«, vertraut er ihm an.
> »Man sollte es restaurieren oder versenken,
> aber so kann es nicht weitergehen.
> Du wirst selbst sehen, man hat regelrecht
> das Gefühl zu hören, wie es ›Hilfe!‹ ruft.«

Der französische Taucherverband interessiert sich für das Schicksal der *Calypso*. Er hält sein Vorgehen für legitim, erinnert sich, dass Kommandant Cousteau bis zu seinem Tod ihr Ehrenpräsident war. Und außerdem: Haben seine Filme nicht dazu beigetragen, das Sporttauchen im Meer weltweit populär zu machen? Nach Meinung von Alain Foret gehört die *Calypso* zum kulturellen Erbe der Taucher. Seit einigen Jahren engagiert er sich dafür, dass es mit Instandsetzungsarbeiten losgeht, damit man den Wert dieses Werkzeugs von vierzig Jahren ozeanografischer Forschung wieder schätzen lernt. »Drei Millionen Euro würden ausreichen«, sagt er, »um sie so weit wieder herzurichten, dass sie die Küsten Frankreichs entlangfahren kann. Die *Calypso* würde so wieder das, was sie immer gewesen ist: eine Botschafterin der Meere!« Einige Tage vor diesem Besuch in La Rochelle hat der Taucherverband einen feierlichen Appell an Jacques Chirac gerichtet und ihn gebeten »seine ganze Macht zu nutzen, um die *Calypso* vor dem Verfall zu retten.« Der Elysée wird sich aber hüten, in diesem Streitfall einzuschreiten, den er dann auch auf seiner Internetseite zur Privatangelegenheit erklärt. Von der Équipe Cousteau wird das Vorgehen der Taucher als Akt der Feindseligkeit gedeutet. Am 11. Mai 2004 schreibt Francine persönlich an das Ministerium für Jugend und Sport und greift den Taucherverband an. »Die Initiative [des FFESSM], die schon deshalb schockierend ist, weil sie von einem Verband kommt, der Ihnen untersteht und weil sie versucht, öffentliche Gelder aufzutreiben und sie für Privatbesitz verwendet, [...] wird noch schlimmer dadurch, dass sie mit der Absicht zu verfälschen die Marke Calypso verwendet. [...] Da dieser Sportverband Ihnen untersteht, sollte es angeraten sein, dass Sie unverzüglich einschreiten und die oben beschriebene Verwirrung stoppen [...][148].« Wie wird das Büro des Ministers für Jugend und Sport, Jean-François Lamour, reagieren? Es bittet den Tauchverband dafür zu sorgen, dass diese Angelegenheit keine Wellen schlägt. Am 27. Mai 2004 lässt eine Abteilungsleiterin des Ministeriums, Dominique Laurent[149], dem Präsidenten des FFESSM eine Kopie des Schreibens von Francine zukommen. Sie legt die folgenden Empfehlungen bei: »Ich muss Sie gleichwohl auf die juristischen Fragen hinweisen, die sich angesichts der Tatsache, dass Madame Cousteau über die Cousteau Society Inhaberin der Rechte an der Marke Calypso ist, aus ihrem Projekt ergeben. Ich kann Sie also nur ersuchen, vorsichtig zu sein, sowohl was den Inhalt, als auch was die Form betrifft [...].«

Ganz offensichtlich werden die Taucher von ihrem zuständigen Ministerium nicht unterstützt. Alain Foret wird klar, dass er sich auf ein schwieriges Spiel eingelassen hat. Hier haben sich schon viele die Zähne ausgebissen, das weiß er, aber sein Wille ist unerschütterlich und seine Energie setzt Kräfte frei. Die Ehemaligen, die diese letzte Chance nutzen wollen und an seiner Seite kämpfen werden, täuschen sich da nicht. Bébert und Martin-Laval schöpfen daraus neue Kraft. »Natürlich bin ich frustriert, wenn ich dieses verlassene Schiff sehe!«, bezeugt Albert Falco, »aber ich erinnere mich daran, dass Cousteau mir immer gesagt hat: ›Bébert, du muss dich festsetzen wie eine Filzlaus!‹ Und das mache ich jetzt, mit der Unterstützung unseres Freundes Foret und der hundertfünfzigtausend Taucher des Verbandes. Wir gehen noch mal an die Front.«

»Wir retten die *Calypso*.«

Die drei Männer aus Marseille haben nur zwei kurze Tage Zeit in La Rochelle und nicht eine Minute zu verlieren. Sie sind kaum von Bord

148 Der Brief ist an Martine Grosgeorges, Ministerialdirektion für den Sektor Sport adressiert.
149 Für den Sport zuständige Ministerialdirektorin.

der *Calypso* gegangen und schon betreten sie das Rathaus, ein uraltes Gebäude, wo der Beigeordnete für Finanzen, Marc Parnaudeau, sie empfängt. An der Wand seines Büros hängt ein altes Plakat, mit dem Haus der Antenne Cousteau in La Rochelle, das seit zwei Jahren geschlossen ist. Der Mitarbeiter des Bürgermeisters gibt ihnen folgende Informationen: »Die *Calypso* gehört nicht mehr zu den Projekten im Rahmen der Erweiterung des Meeresmuseums von La Rochelle. Seit sechs Jahren gelingt es nicht, eine Vereinbarung zwischen der Stadt und den Anspruchsberechtigten zu unterzeichnen. Wir haben beschlossen, das Handtuch zu werfen und wir hoffen, dass Arionis[150] ihr Schiff bald abholt. In den nächsten Wochen wird die Gesellschaft eine schriftliche Aufforderung erhalten, das Liegegeld zu bezahlen.«

> In La Rochelle ist die *Calypso* nur noch eine schlechte Erinnerung – die dazu noch Platz beansprucht.

Die Männer aus Marseille werden mit ihrem Alternativprojekt in die Bresche springen. Alain Foret erläutert Marc Parnaudeau, dass er im Süden schon einige Sondierungsgespräche geführt hat. Eine Werft in La Ciotat[151] ist bereit, das Schiff aufzunehmen und er glaubt daran, dass die hundertfünfzigtausend Taucher seines Verbandes genug Power haben, um eine Solidaritätskette zu bilden.

Einige Stunden nach diesem Treffen sehen sich Alain Foret und Albert Falco in einem Hotel im Stadtzentrum wieder. Die beiden Männer würdigen den historischen Turm, der sich hinter dem Fenster abzeichnet, keines Blickes. Sie arbeiten konzentriert, entwickeln eine erste Liste von notwendigen Restaurierungsarbeiten an der *Calypso* und taxieren die einzelnen Posten: Schwenkkran,

---

150 Eine Gesellschaft, die von Loël Guinness und Francine Cousteau gegründet wurde, um damit die Rettung und Instandsetzung der *Calypso* zu bewerkstelligen. Siehe Kapitel 10.

151 Namens Monaco Marine.

Lüftungszufuhr, Entnahmerohr, Schiffskiel, Kalfatern. Ihre Unterredung ist für gewöhnliche Sterbliche völlig unverständlich. Da unterbricht sie das Klingeln des Telefons. Ein Funktionär des französischen Sporttaucherverbandes aus Marseille meldet sich mit einem dringenden Anliegen. Er hat gerade ein Fax bekommen, das er Alain Foret vorliest. Der Brief datiert vom 11. Mai 2004 und ist unterzeichnet von Bruno Ryterband[152], einem Anwalt aus Paris: »Meine Mandantin stellt fest, dass Sie ihren Markennamen als Mailadresse benutzen für eine öffentliche Aktion, in der es um das Schiff geht, das durch seine Aktionen und die Taten von Kommandant Cousteau Symbolcharakter gewonnen hat. Hier liegt der Tatbestand der Fälschung vor, und ich bin beauftragt, mit allen Mitteln dafür zu sorgen, dass dem Einhalt geboten wird. [...] Ich fordere Sie daher auf, die Verwendung der Bezeichnung Calypso, für welche Aktivität auch immer, unverzüglich zu unterlassen.« Alain Foret hat sofort verstanden. »Das ist der Anwalt von Francine, der uns hier schreibt«, sagt er mir. »Wir werden antworten, dass wir keinerlei finanzielle Absichten haben. Es ist wirklich bedauerlich, dass man hier wieder so am Wortlaut des Gesetzes klebt, wo es uns doch um das Überleben dieses Schiffes geht.« Eine Woche später, am 18. Mai 2004 betritt Jocelyne de Pass einen Buchladen in Marseille, einen Steinwurf vom Alten Hafen entfernt, wo sich jeden Morgen die Stimmen der Fischverkäuferinnen mit dem Kreischen der Möwen mischen.

Es ist ein wichtiger Tag für die Zukunft der *Calypso*.

Jocelyne ist gekommen, um ihr Buch[153] zu signieren. Auf der Pressekonferenz, die er im Börsenpalast von Marseille organisiert hat, soll sie später mit Alain Foret zusammentreffen. Die Ehemaligen sind einunddreißig an der Zahl. Bébert trägt sein Lieblingsoutfit: Blazer

---

152 Mit dem Zweck, Unterschriften zur Unterstützung des Rettungsprojekts zu sammeln, hat der FFESSM den Namen der *Calypso* in einer E-Mail-Adresse verwendet, die er auf seine Internetseite gesetzt hat.

153 *Moi, Calypso. Autobiographie secrète d'un bateau de légende*, op. cit.

über blau-weiß-gestreiftem Sweatshirt. Denis Martin-Laval hat sich eine Krawatte umgebunden. Die beiden Freunde sehen alte Expeditionskameraden wieder, drücken Hände und lassen sich abwechselnd mit den anderen fotografieren. Erinnerungen…, Nostalgie… In einem kleinen Saal hat Alain Foret ein Auge auf die Vorbereitungen. Auf einem Tisch steht ein Modell der *Calypso*. An die Wand hat er ein altes Plakat hängen lassen, auf dem die Tauchkugel *Denise* [154] zu erkennen ist. »Das hier ist ein großer Augenblick«, sagt er mir vor Beginn der Konferenz. »Nach jahrelangem Zögern legen wir endlich einen Rettungsplan für die *Calypso* vor. Wir hoffen, das es diesmal klappt.« Unter dem Motto »Calypso'vée«[155] hat der französische Taucherverband eine landesweite Subskriptionsaktion gestartet. Vor einem Saal voller Journalisten und Verehrern der *Calypso* beschreibt Alain Foret seinen Plan im Zusammenhang: »Wir sind Träumer und Pragmatiker. Wir haben den Kopf in den Wolken, aber wir stehen auch mit den Füßen im Matsch. Wir werden nicht einen Cent annehmen, bevor die juristischen Hindernisse nicht aus dem Weg geräumt sind, d. h. bevor die Erben und Verfügungsberechtigten unserem Plan nicht zugestimmt haben.« Auf die stichhaltige Frage eines scharfsinnigen Kenners der *Calypso*-Geschichte fügt er hinzu:

> »Das Einzige, was wir verlangen, ist das Recht darauf, Geld, Zeit, unsere Arbeit und unseren Schweiß für die Rettung der *Calypso* zu geben. Wie sollte man uns das verweigern?«

Mit einem schlichten »Nein«, wie es Francine Cousteau dann macht. Dass eine Koalition von Tauchern und Ehemaligen der *Calypso*, für die sie keinerlei Sympathien hegt, ihr auf die Füße tritt, wird sie nie-

154 Vorname der Ehefrau des Ingenieurs Jean Mollard, der das berühmte Tauchboot (»tauchende Untertasse«) SP 350 entwickelt hat. *Denise* war verschollen und wurde im November 2004 in einer Lagerhalle im Hafen von La Rochelle wiedergefunden.

155 Um das Verbot einer Verwendung des Namens Calypso zu umschiffen, wird aus »Calypso« und »sauvée« (gerettet) ein Kunstwort kreiert. Der Sinn des französischen Wortes erschließt sich, sobald man es ausspricht. [Anmerk. des Übers.]

mals zulassen. Wie gehabt lässt sie John Huncke und seine US-amerikanischen Anwälte ans Ruder. Beim Taucherverband in Marseille geht ein auf den 28. Mai 2004 datiertes 15-seitiges Schreiben aus der New Yorker Kanzlei Kenyon & Kenyon ein. Francines *lawyers,* ihre Rechtsanwälte, protestieren gegen die Subskriptionskampagne, prangern eine Markenfälschung an und schließen mit einer Schadensersatzforderung über 10 Millionen Dollar! Auch wenn es sich zum jetzigen Zeitpunkt nur um die Androhung eines Prozesses handelt, ist das für die Männer aus Marseille ein Schlag vor den Kopf. Wenn man alle Kosten berücksichtigt, würde bei einer Verurteilung das Budget des Taucherverbandes vollständig verschlungen und damit sein Fortbestehen gefährdet. Selbst den überzeugtesten Mitgliedern kommen Zweifel. Alain Foret gerät im FFESSM in eine schwierige Situation. Einige kritisieren sein übereiltes Vorgehen, fragen sich, ob man nicht stärker die juristischen Folgen in Betracht hätte ziehen müssen, bevor eine öffentliche Subskription initiiert wurde. Alain Foret bleibt dran und steuert durch das Unwetter. Er hält sein Vorgehen ungeachtet der Rechtslage für moralisch legitim und erklärt: »Normalerweise wird man belangt, wenn man jemandem Schaden zugefügt hat. Angegriffen werden, weil man nichts anderes tut, als eine Lösung vorzuschlagen, das ist wirklich mehr als ärgerlich! Für uns ist das natürlich eine himmelschreiende Ungerechtigkeit.«

Und doch kommt Bewegung in die Sache.

Ein Artikel von Hervé Kempf auf der Titelseite von *Le Monde* behandelt das juristische Hickhack um die *Calypso* ausführlich. Kempf erwähnt auch, dass die Präsidentin der Équipe Cousteau auf die verschiedenen Appelle seiner Zeitung nie reagiert hat. Die regionale Presse berichtet in großem Umfang über die Initiative des französischen Sporttaucherverbandes. Und Francine Cousteau bleibt ihrer Strategie treu, sie weigert sich, die Fragen der Journalisten zu beantworten. Achtundvierzig Stunden später – Alain Foret sitzt gerade an seinem Schreibtisch – erreicht ihn ein Anruf. Sein Gesprächspartner möchte anonym blieben, aber er bringt ihn auf eine bislang unentdeckte Spur.

»Setzen Sie sich mit dem Zoll in Verbindung und verlangen Sie das französische Flaggenzertifikat[156] der *Calypso*«,

legt ihm der Mann nahe, der die Akte im Detail zu kennen scheint. »Sie werden sehen, dass Loël Guinness nicht als Besitzer des Schiffes eingetragen ist.« Dann legt er auf. Wenn sich die Information bestätigen lässt, kann diese neuerliche Wendung unabsehbare Folgen haben. Alain Foret setzt auf den Rechtsweg und bittet bei der Zollbehörde von Toulon darum, dass man ihm die Verwaltungsakte der *Calypso* zukommen lässt. Und siehe da: Das letzte Flaggenzertifikat[157] der *Calypso* stammt aus dem Jahr 1974, und unter der Rubrik »Besitzer« ist nicht der Name von Loël Guinness oder die Anglo-Française eingetragen, sondern die COF[158]. Alain Foret fragt Albert Falco um Rat, der ihm wichtige Details sagen kann. Nach Béberts Auskunft besteht die COF seit langen Jahren aus Karteileichen. Die Gesellschaft zählt aber noch vier Mitglieder: Kommandant Jean Alinat (Cousteaus rechte Hand im Ozeanografischen Museum von Monaco), Jean-Michel Cousteau (sein Sohn), Henri Jacquier (der ehemalige Finanzdirektor der Équipe Cousteau) und Christian Perrien (ihr Schatzmeister). Merkwürdig, dass keines der alten Mitglieder des Cousteau-Abenteuers gute Beziehungen zur zweiten Frau des Kommandanten unterhält.

Diese neue Erkenntnis wirft alles über den Haufen. Denn das französische Recht ist eindeutig, und die Verwaltung hält sich an grundlegende Prinzip: Der Eigner eines Schiffes ist derjenige, dessen Name auf dem französischen Flaggenzertifikat steht. Das bestätigt mir ein Verantwortlicher der regionalen Zollbehörde von Aix-en-Provence,

---

156 Urkunde, mit der das Recht gewährt wird, unter französischer Flagge zu fahren [Anm. d. Übers.].

157 Flaggenzertifikat Nr. 72509/0001.

158 Campagnes océanographiques françaises (Ozeanografische Kampagnen Frankreich), eine Organisation, die 1951 von JYC gegründet wurde.

der allerdings nicht namentlich genannt werden möchte. Zum ersten Mal seit langem sind Jean-Michel Cousteau und die Ehemaligen der *Calypso* in einer Machtposition. Und um diesen Trumpf auszuspielen, werden sie auf Francines bevorzugtem Terrain kämpfen, dem der Paragrafen. Die COF versammeln sich am 10. August 2004 in Marseille. Sie reaktivieren ihren Verband, nehmen Albert Falco und Denis Martin-Laval als neue Mitglieder auf, wählen Jean Alinat zum Präsidenten und beauftragen eine Anwältin aus Marseille, Geneviève Maillet, die sich die Akte vornimmt. Genevièves Fachgebiet ist das Seerecht, und sie spricht klare und deutliche Worte: »Seit 1970 ist die Rechtssprechung in dieser Frage die Gleiche: die COF sind der Eigner der *Calypso*.« Francines Anwälten ist das auch klar geworden und sie wissen nicht so recht, welchem Heiligen sie huldigen sollen, um dem drohenden juristischen Fegefeuer zu entkommen. Warum nicht einfach versuchen, etwas auszuhandeln? .

Francine Cousteau beauftragt Rechtsanwalt Goguel[159], sich an die Arbeit zu machen. Der Anwalt versucht die Mitglieder der COF so zu beschwatzen, dass sie einer Übertragung der Besitzrechte an der *Calypso* auf die Anglo-Française zustimmen. Er schreibt jedem und ruft sie alle an. Die Erklärung ist immer dieselbe: »Das Flaggenzertifikat von 1974 ist das Ergebnis eines Verwaltungsfehlers. Mit einem bisschen guten Willen auf beiden Seiten könnte man sicher eine Einigung erzielen.« Aber zur großen Verärgerung von Francine Cousteau, die die Tücken des Falles nur zu gut kennt, wird kein einziges Mitglied der COF einknicken. 2002 hatte sie einen Verantwortlichen der Zollbehörde von Toulon um ein Treffen gebeten. Die Unterredung endete im Unfrieden, als sie den Beamten bat, den Namen des Eigners im Flaggenzertifikat zu ändern. Im selben Jahr versuchte Francine es mit einer allerletzten Intrige und ließ den Mitgliedern der COF über ihre Sekretärin, Lise Loenca, einen Brief[160] zukommen, in dem Folgendes zu lesen ist: »Madame Francine Cousteau bietet sich an, Mitglied Ihrer Organisation zu werden [...], deren Vorsitz zu

159 Anwalt und Vizepräsident der Gesellschaft Arionis.
160 Datiert auf den 4. Juni 2002.

übernehmen und den Sitz des Verbandes in den neuen Räumlichkeiten der Équipe Cousteau in der Avenue Kléber 92, 75116 Paris einzurichten.« Die Mitglieder der COF trauen ihren Augen nicht. Bei keinem der Mitglieder stößt dieser Versuch der zweiten Frau des Kommandanten, die Kontrolle über ihren Verband zu gewinnen, auf Wohlwollen. Das sieht nun wirklich ein Blinder mit dem Krückstock: In dem Augenblick, in dem Francine Cousteau Präsidentin des COF würde, hätte sie auch Zugriff auf das Flaggenzertifikat der *Calypso*.

Wie kann man sich hier geschickt aus der Klemme ziehen?

Da alle Projekte in Frankreich gescheitert sind und es für die Équipe Cousteau nicht mehr in Frage kommt, die Restaurierung der *Calypso* mit ihrem eigenen Geld zu finanzieren, liegt die Lösung letztlich vielleicht nicht in Frankreich, sondern weit weg. Während Rechtsanwalt Goguel bei den Mitgliedern der COF seine Charmenummer versucht, setzt Francine die Manager ihrer Gesellschaft in den USA mit der Forderung unter Druck, ihre sämtlichen Netzwerke zu aktivieren. Ende Juni begibt Francine Cousteau sich inkognito nach La Rochelle, um der *Calypso* einen Besuch abzustatten. Bürgermeister Maxime Bono wurde davon nicht in Kenntnis gesetzt. Francine ist in Begleitung mehrerer Männer, die Englisch sprechen, sie will sich von dem Reporter des *Sud-Ouest* nicht fotografieren lassen, dafür ergreift sie das Wort. In ihrer Antwort auf die Fragen eines Journalisten lässt sie ihre große Verbitterung der Stadtverwaltung gegenüber durchblicken.

> »Niemand hat mich unterstützt«, erklärt sie, »und es wurde alles getan, um dieses Projekt zum Scheitern zu bringen, obwohl doch bekannt war, dass mir die Hände gebunden waren, da mir das Schiff nicht gehört.«

»Was das Projekt von Marseille angeht: Diese Leute haben keine Rechte an dem Schiff, es ist in Privatbesitz.«[161] Zu Lösungsmög-

161 Der *Sud-Ouest* vom 26. Juni 2004.

lichkeiten, die sie bevorzugen würde, verliert die Präsidentin der Équipe Cousteau kein einziges Wort. In dieser Zeit wende ich mich mehrmals telefonisch an Fabrice Goguel, um ihn zu fragen, wer die Ansprechpartner bei Arionis sind. Der Anwalt macht keinerlei Andeutungen. »Im Augenblick werden die Verhandlungen vertraulich geführt«, sagt er mir. Und räumt dann doch ein: »Wir sind recht optimistisch, denn es laufen Verhandlungen über eine Verlegung der *Calypso* ins Ausland.«

Die *Calypso* soll ins Ausland?

Dafür wäre es nach französischem Recht doch unerlässlich, dass die COF diesem Lösungsmodell zustimmen. Aber daran denken Jean-Michel Cousteau und die Ehemaligen nicht im Traum. Die COF halten an der Lösung »nach Marseiller Art« von Alain Foret fest. Wieder einmal ist die *Calypso* nur das auserkorene Opfer in einer Auseinandersetzung, in der es längst nicht nur um sie geht. Francine und Jean-Michel Cousteau stehen sich wieder von Angesicht zu Angesicht gegenüber, vertreten von zwischengeschalteten Organisationen, und keiner der beiden Intimfeinde will einen Deut nachgeben.

Zum Glück ist das Schiff des Kommandanten hart im Nehmen.

KAPITEL 12

Nachforschungen und Störmanöver

Donnerstag, 29. April 2004, Place du Trocadéro, Musée de la Marine in Paris.

In meiner Hand halte ich die Eintrittskarte zu einer Veranstaltung, zu der IWC[162] und die Équipe Cousteau ins Marinemuseum einladen: eine Fotoausstellung mit dem Titel *Engineers of the sea* sowie die Vorführung des Films über die jüngste Expedition der Organisation ins Rote Meer. Am Vortag habe ich ein Fax an Michel Bernet geschickt, den Generaldirektor der Équipe Cousteau in Frankreich: »*Thalassa* will einen 26-Minüter über Cousteaus Erbe drehen [...] Es ist unverzichtbar, dass Mitglieder ihres Teams und insbesondere Francine Cousteau bei der Reportage mitwirken. Anders können wir über Ihre Arbeit, mit der das Lebenswerk des Kommandanten fortgeführt wird, nicht berichten.« Am Eingang des Museums empfängt uns die Pressesprecherin mit sorgenvoller Miene und gibt mir zu verstehen, dass wir erst mit Dreharbeiten beginnen können, wenn

162 Hersteller von Präzisionsuhren, mit Firmensitz in der Schweiz.

mit Francine Cousteau gesprochen wurde. Dem Ton unserer Unterredung nach zu urteilen, hat sie gerade einen Rüffel eingesteckt. »Sie wissen schon«, erklärt sie, »wegen dieser Geschichte mit den Bildrechten.« Als wir unsere Metallkisten in der Garderobe abstellen, spricht mich Francine Cousteau an, in marineblauer Hose und Jakkett. Der Blick ihrer blauen Augen durchbohrt mich. »Ich glaube, es gibt da ein Problem«, sagt sie mir. »Jemand hat seine Arbeit hier nicht gut gemacht. Ich wollte nicht, dass Sie hier heute Abend filmen.« Ich erkläre, dass ich den Generaldirektor ihrer Organisation in Kenntnis gesetzt habe und dass ich ihre Aussage für die Reportage brauche, die ich der *Calypso* und Cousteaus Vermächtnis widmen möchte.

»Wir werden Ihnen keine Bilder überlassen.
Und ich beantworte keine Ihrer Fragen.«

»Wenn Sie einen Film über unsere Aktivitäten drehen wollen, dann kann das ausschließlich im Rahmen einer Koproduktion mit der Équipe Cousteau geschehen.«[163] Dann dreht sie sich zu der Pressesprecherin von IWC, dem Sponsor des Abends, um und schleudert ihr ins Gesicht: »So etwas habe ich noch nie erlebt! Sie machen Ihren Job ja wohl auf gut Glück. Diesen Fauxpas haben Sie zu verantworten. Jetzt kümmern Sie sich auch darum!« Und sie dreht sich auf dem Absatz um und steuert auf ihre Gäste zu. Wie kann man einem Fernsehteam verbieten, eine öffentliche Abendveranstaltung mit geladenen Gästen zu filmen? Wir nehmen das Drehmaterial aus den Kisten. Keiner der Security-Leute hindert uns daran, den riesigen Saal zu betreten, in dem die vergrößerten Fotos von Roberto Rinaldi einen Eindruck von der letzten Expedition der Équipe Cousteau vermitteln, die erneut ins Rote Meer führte. Der Champagner fließt in Strömen. Eine Schar von Fotografen der Regenbogenpresse macht Fotos von allem, was nach Prominenz aussieht. Ein Gesellschaftsabend, wo sich Tout-Paris, alles, was in Paris angesagt ist, drängelt. Ein Bruder von Valéry Giscard d'Estaing, Richard Berry, Djamel Bourras, Alain

163 Das hätte für Francine Cousteau ein Einspruchsrecht beim Schnitt bedeutet.

Chamfort, Nikos und einige junge, silikonbetonte Frauen schlendern zu einem höchst erlesenen Buffet, das eines der besten Feinkost-Caterings von Paris aufgebaut hat. Geplauder und Öffentlichkeitsarbeit in eigener Sache. Wird von der Umwelt gesprochen, vom Schutz der Weltmeere? Nein! Die Gespräche drehen sich um die aktuellen Sendungen bei TF 1, die viele Zuschauer beschäftigen.

Die Mitglieder der Équipe Cousteau, die durch die Menge flanieren, erkennt man leicht an ihrem Outfit: Weißes Hemd und rote Mütze. Für ihre Ansprache an die Gäste begibt sich Francine hinter ein Pult, aber sie hat einige Mühe, sich Gehör zu verschaffen. »Ich möchte Ihnen erzählen«, beginnt sie, »dass wir wieder für zwei Monate mit der *Alcyone* im Roten Meer unterwegs waren. Wir sind also noch mal in die *Schweigende Welt* zurückgekehrt. Fünfzig Jahre nach der ersten Expedition von Kommandant Cousteau wollten wir zum Thema Korallenriffe eine wissenschaftliche Bilanz ziehen. Ich danke Claude Wesly, der meine Kinder Diane und Pierre-Yves auf den Spuren ihres Vaters begleitet hat. Der Film wird im September 2004 im Fernsehen zu sehen sein.« Gedämpftes Licht. Auf einer riesigen Leinwand sind die ersten Bilder dieser »Expedition« zu sehen, die mit Gesprächen zwischen Francine und Prinz Albert von Monaco beginnt, auf die ein Interview mit dem schweizerischen Sponsor folgt. Weiter geht es mit einigen Bildsequenzen, in denen wir die Taucher unter Wasser sehen, wie sie die roten Mützen an ihr Herz drücken. Die Aufmerksamkeit der Geladenen kann das nicht lange fesseln. Der große Film, der auf der Einladungskarte angekündigt wurde, schrumpft zu einer bloßen Bildermontage von etwa fünfzehn Minuten zusammen. In dem Augenblick, in dem diese Zeilen geschrieben werden[164], ist er immer noch nicht fertig. Später am Abend gehe ich auf Diane Cousteau zu und bitte sie, mir einige Fragen zu beantworten.

»Ich muss erst meine Mutter um Erlaubnis fragen«, erklärt sie mir, und nach einigen Minuten heißt es: «Nein, sie will nicht. Tut mir sehr Leid!« Sylvie David, die Pressesprecherin des Marinemuseums,

164 Am 10. April 2005.

ist sehr befangen. Es ist ihr wichtig, klarzustellen, dass ihr Museum nicht der Organisator des Abends ist, sondern nur einen Teil der Räumlichkeiten an die Équipe Cousteau vermietet hat. Ein Künstler, den wir aus dem Fernsehen kennen, hockt hinter einem Mikro und zieht eine Tombolanummer, die einer jungen Frau das große Glück bringt: Sie hat eine IWC-Uhr gewonnen. Das wird der Höhepunkt des Abends gewesen sein, und ich verlasse die Veranstaltung ein bisschen irritiert und ohne Francine Cousteau eine einzige Frage zur Zukunft der *Calypso* gestellt zu haben. In den folgenden Wochen frage ich mehrmals bei ihr an, per Mail oder über Vermittler, die versuchen wollen, sie zu einem Interview zu überreden.

Verlorene Liebesmühe!

Im Juni 2004 lädt die Équipe Cousteau zu einem Frühstück, um den Gründer und Moderator der Fernsehsendung *Thalassa*, Georges Pernoud, kennenzulernen. Dieser wiederholt meine Bitte. Francine, die in Begleitung von John G. Huncke ist, lehnt aber erneut ab, sich interviewen zu lassen. Sie ist beunruhigt über die vor drei Monaten begonnenen Dreharbeiten, und sie scheint über einige Gespräche, die ich mit wichtigen Informanten im Rahmen meiner Recherchen geführt habe, bestens informiert zu sein. Als Georges Pernoud von diesem Treffen zurückkommt, lautet einer seiner Kommentare:

»Ich glaube, wir sollten die Kassetten vom Dreh in den Safe legen.«

Die kommenden Ereignisse werden ihm recht geben.

Einige Tage später kommt ein von John G. Huncke unterschriebenes Einschreiben[165], in dem es heißt: »Von unserem Gespräch habe ich in Erinnerung, dass *Thalassa* die Absicht hat, einen Kurzfilm von etwa 26 Minuten zum Thema Kommandant Cousteau und *Calypso* zu drehen. [...] Wir müssen Sie förmlich davon in Kenntnis setzen,

---

165 Dieser Brief ist auf den 30. Juni 2004 datiert und ist an Georges Pernoud und an Philippe Belingard, den Chefjustiziar von France Télévisions, adressiert.

dass wir regelmäßig und umfassend über den Fortgang ihres Filmprojekts informiert zu werden wünschen, damit wir die Möglichkeit haben, darauf zu achten, dass unser Eigentum und unsere Recht nicht verletzt werden.« Man braucht gar nicht erst zwischen den Zeilen zu lesen. Hier ist der Hinweis, dass wir einen Prozess riskieren, unschwer zu erkennen. Jedem normal agierenden Journalisten verleiht ein solcher Brief Flügel. Nicht nur bremst er nicht, er lädt im Gegenteil regelrecht dazu ein, die Recherchen noch auszuweiten. Ob sich zumindest der Besitzer der *Calypso* dazu bereit erklärt, wenn schon Francine nicht mit uns reden will?

Während die Dreharbeiten zwischen La Rochelle, Marseille, Paris und der Bretagne weitergehen, versuche ich mehrere Wochen lang Loël Guinness zu erreichen. Ohne Erfolg. Ich spreche nur mit Mittelspersonen, Leuten aus seinem engeren Umfeld, die mich darüber aufklären, wie absurd mein Anliegen ist. Loël Guinness handelt ganz im Einklang mit der Familientradition, so erklärt man mir, wenn er sich bisher noch nie zur *Calypso* geäußert hat. Der reiche junge Mann findet, dass die Rolle eines Mäzens es ihm verbietet im Rampenlicht zu stehen. Sein Großvater wollte diese Anonymität. Sie war eine wesentliche Voraussetzung dafür, dass die *Calypso* Jacques-Yves Cousteau zur Verfügung gestellt wurde. Ich merke sehr schnell, dass meine Bemühungen, Informationen über Loël Guinness herauszukriegen, dem Versuch gleichkommen, eine Handvoll Sand, der mir zwischen den Fingern zerrinnt, festzuhalten. Keine Fotoagentur hat ein Bild von ihm aus seiner Polo-Zeit. Die internationalen Zeitungs- und Zeitschriftenarchive sind, was ihn betrifft, leer, abgesehen von einem einzigen beleidigenden Artikel, der 1999 in der *Polo international* erschienen ist. Der Redakteur Carlton Stowers beschreibt Guinness als Phantom. Er erwähnt einen Prozess, den, so heißt es, eine ehemalige Freundin vor einem amerikanischen Gericht gegen ihn führt. Und der Journalist beschuldigt ihn aller möglichen Schandtaten in seinen Liebesbeziehungen. Eines Tages ruft mich seine schweizerische Mitarbeiterin, Alice Imhof, an und teilt mir mit, Loël Guinness sei einverstanden, mich zu einem Gespräch unter vier Augen zu treffen. Es gibt eine einzige Bedingung: Er will nicht gefilmt werden. »Er hat Ihre Handynummer«, fährt sie fort, »er wird sie persönlich anrufen und ein Treffen in Paris vereinbaren.«

Er tut es nie… .

Gleichzeitig bitte ich seinen französischen Anwalt, Fabrice Goguel, seinen Mandanten zu überreden, sich auf die eine oder andere Weise zu melden. Und dann, am 1. September 2004 endet meine Suche mit einer großen Überraschung:

Loël Guinness schickt mir ein dreiseitiges Fax!

Dieses Dokument ist wichtig. Denn es ist das allererste Mal in fünfzig Jahren, dass ein Mitglied der Familie Guinness sich zur *Calypso* äußert. »Die Verbindung zwischen meinem Großvater und Kommandant Cousteau […] basierte auf einem *gentleman's agreement*«, schreibt mir Joël Guinness. »Es bestand Übereinkunft darüber, dass Cousteau und seine Gesellschaft die volle Verantwortung für die *Calypso* übernehmen würden, in finanzieller Hinsicht und überhaupt. […] Sie sollten nicht vergessen, dass die *Calypso* immer der Verantwortung der *Cousteau Society* unterstand.«

Einige Zeilen später fügt Guinness folgenden schrecklichen Satz hinzu:

> »Ich bin der Meinung, dass gewisse Leute, die irgendwelche ›Interessen‹ haben, die *Calypso* nicht länger dafür missbrauchen sollten, alte Rechnungen zu begleichen.«

»[…] Was ich in der Presse lese, ermuntert mich eher dazu, mich aus diesem ›Schlangennest‹ herauszuhalten.« Der Besitzer der *Calypso* führt weiter aus, dass er »eine bescheidene Restaurierung« wünscht, »damit unrealistische Projekte vermieden werden.« Dann schreibt er, dass bis auf den heutigen Tag weder sein Großvater noch er selbst jemals persönlich in den Medien über die *Calypso* gesprochen haben. Und schließlich folgert er: »Die sehr kritische Situation des Schiffes zwingt mich jedoch dazu, gegen diese Regel zu verstoßen.« Die wichtigsten Aspekte dieses Briefes wurden bei der Montage des Films über die *Calypso* verwendet. Er dauert nun etwa 45 Minuten, und

Philippe Vilamitjana[166] plante die Ausstrahlung meiner journalistischen Nachforschungen für die Sendung vom 3. Dezember 2004, anlässlich des Zwischenstopps der *Marité* in La Rochelle. Einige heftige Telefonate zwischen der Rechtsabteilung von France Télévision und Francine zeugen von Unsicherheiten bei der Équipe Cousteau. Bis zum letzten Augenblick sind wir auf eine einstweilige Verfügung gefasst, mit der man uns die Ausstrahlung verbieten könnte.

Aber der Gegenangriff erfolgt in anderer Gestalt und bringt eine neue Wendung. Am 18. November 2004, also vierzehn Tage vor der *Thalassa*-Sendung in der Direktübertragung von La Rochelle, veröffentlicht die Cousteau Society ein Kommuniqué mit dem Titel »*Calypso* gerettet!« Man erfährt darin, dass die amerikanische Kreuzfahrtgesellschaft Carnival Corporation die Absicht hat, das Schiff zu restaurieren. Außerdem soll es in einem Forschungs- und Umweltschutzzentrum festmachen, verkündet der Text, den Carnival zusammen mit der Cousteau Society unterschrieben hat.

»Die *Calypso* wird in einer Werft auf Grand Bahama repariert, die Anfangsinvestition beläuft sich auf 1,3 Millionen Dollar[167]. Die Arbeiten sollen Ende 2005 abgeschlossen sein«

»Ich bin mit dieser Lösung zufrieden, da ich weiß, dass es auch der Kommandant gewesen wäre«, lässt die Präsidentin wissen. Carnival ist die weltweit größte Kreuzfahrtgesellschaft, mit Sitz in Miami. Für sie fahren siebenundsiebzig eigene Schiffe, die fünf Millionen Passagiere jährlich befördern. Auf den ersten Blick ist das Unternehmen zahlungskräftig genug, um die *Calypso* zu restaurieren, es bleiben aber in der Kalkulation mehrere Unbekannte offen: Die finanzielle Ausführung des Vorhabens wird nicht offengelegt, und auch der zukünftige Heimathafen, in dem das Schiff für die Öffentlichkeit zugänglich sein soll, wir nicht genannt. In ihrer Antwort auf meine Mails ist die Leiterin der Werbeabteilung bei Carnival nicht viel

166 Stellvertretender Direktor der Programmeinheit *Thalassa/Faut pas rêver.*

167 Das sind 993 000 Euro.

auskunftsfreudiger. »Ja«, schreibt Jennifer de la Cruz, »1,3 Millionen Dollar reichen aus, um das Schiff zu renovieren. Die Motoren und die großen Maschinenteile werden nicht instandgesetzt, weil die *Calypso* nicht mehr fährt, sondern als eine Art schwimmendes Museum vor Anker liegen wird.«

Wo wird das Schiff liegen? »In der Karibik, in der Nähe eines Ortes, den Jacques-Yves Cousteau damals untersucht und erforscht hat«, antwortet Jennifer de la Cruz ohne nähere Details. Zu den Fragen nach den finanziellen Abkommen zwischen ihrer Gesellschaft und der Cousteau Society schweigt sie. Ich erfahre nur, dass die *Calypso* nicht verkauft, sondern Carnival zur Verfügung gestellt wird, und dass sie weiter unter französischer Fahne zugelassen ist. Handelt es sich hier nur um die x-te Ankündigung oder endlich um ein glaubwürdiges Rettungsprojekt?

An diese Lösung klammert sich Francine Cousteau, als sie im November 2004 Gast in den Mittagsnachrichten um 13:00 Uhr ist. Hier erklärt sie: «Wenn die juristischen Hindernisse beseitigt sind, wird die *Calypso* La Rochelle noch vor Ende des Jahres verlassen können. Das wäre ein wunderbares Weihnachtsgeschenk für alle ihre Verehrer.« Die Abgeordneten in La Rochelle erklären, dass sie mit dieser Lösung zufrieden sind, obwohl sie noch gut in Erinnerung haben, dass die Stadtverwaltung sieben Jahre lang immer wieder mit Ankündigungen getäuscht wurde, die sich als bloße Lippenbekenntnisse erwiesen. Die Ehemaligen in Marseille sind perplex, die Mitglieder der COF außer sich: Ohne ihre Zustimmung ist doch an eine Abreise der *Calypso* in Richtung Bahamas nicht zu denken! Der Präsident der Gesellschaft, Jean Alinat macht aus seiner Ablehnung des Projekts kein Geheimnis:

»Diese Lösung wollte Cousteau gerade nicht«,

---

sagt er mir. »Sie kennen ja das Geschäftsfeld von Carnival. Sie schiffen Millionen von Touristen auf die Bahamas! In diesem Kontext wird die *Calypso* zur kostenpflichtigen Attraktion mit markiertem

Rundgang und den obligatorischen Luftballons. JYC hätte niemals gewollt, dass sie am Ende ihres Daseins eine Art Disneyland wird.« Jean-Michel Cousteau bleibt auch nicht untätig. Von seinem Büro in Kalifornien aus unterzeichnet er eine Stellungnahme, in der er an Folgendes erinnert: »Mein Vater und meine Mutter Simone haben immer den Wunsch geäußert, dass die *Calypso* in Frankreich bleiben sollte. Die Abreise der *Calypso* würde Frankreich zum zweiten Mal zur Waise machen.«

Es geht aber noch weiter mit den Überraschungen.

Am 29. November 2004 kann man in einer Agenturmitteilung erfahren, dass Loël Guinness die *Calypso* gerade für den symbolischen Preis von einem Euro an die Cousteau Society verkauft hat. Die Mitglieder der COF sind umso verbitterter, als die Anglo-Française zu diesem Zeitpunkt gegen sie prozessiert, weil sie Loël Guinness' Besitzrechte an der *Calypso* vom Gericht in Paris bestätigt sehen will. Trotz des Flaggenzertifikats, der die COF zu ihren »offensichtlichen« Besitzern erklärt. »Wie kann Guinness ein Schiff verkaufen, an dem er einen Besitzanspruch gerade per Gerichtsentscheid durchsetzen will?«, fragt sich Geneviève Maillet, die Anwältin der COF aus Marseille. Loël Guinness seinerseits schickt mir einen weiteren, zweiseitigen Brief[168], in dem er seine Entscheidung rechtfertigt. »Meine Anwälte haben das Projekt einer Instandsetzung der *Calypso* durch Carnival geprüft. Sie sind zu dem Schluss gekommen, dass dies für den Ruhestand des Schiffes die ideale Lösung ist, auf die wir schon so lange warten«, schreibt er mir und fährt fort: »Sie entspricht auch den Bedingungen, die ich mit der Forderung gestellt hatte, das Schiff solle wissenschaftlichen und Bildungszwecken ohne kommerzielle Absicht dienen. Mir war auch wichtig, dass das Schiff vollständig erhalten bleibt. Ich unterstütze dieses Projekt daher ohne Vorbehalt.« Dann kommt er zum Schluss, und er ist spürbar begeistert von dem Gedanken, sich von dieser Bürde zu befreien:

168 Vom 1. Dezember 2004, d. h. er wurde achtundvierzig Stunden vor der Ausstrahlung der Reportage über die *Calypso* in der Sendung *Thalassa* geschrieben

»Die Familie Guinness ist stolz darauf, im Maße des ihr Möglichen an einem der größten Abenteuer des 20. Jahrhunderts mitgewirkt zu haben. Jetzt ist es an der Zeit, sich zurückzuziehen, denn wir können für das Erbe von Kommandant Cousteau nichts mehr tun.«

In La Rochelle bricht zum ersten Mal seit sieben Jahren Betriebsamkeit im Umfeld der *Calypso* aus. Finanziert von der Équipe Cousteau haben Werftarbeiter eine Plastikplane über die *Calypso* gespannt, eine Art Leichentuch, das den Deckaufbau verhüllt. »Mit einem Turban, wie eine antike Mumie«, schreibt die Zeitung *Sud-Ouest* in ihrer Ausgabe vom 2. Dezember 2004. Will man den Anblick der *Calypso* vor den Objektiven der Kameras verstecken? Dafür ist es zu spät, wir haben die *Calypso* schon genauestens abfotografiert, und zwar mehr als einmal. All diese Umtriebe hindern *Thalassa* übrigens nicht daran, das Ergebnis einer achtmonatigen Recherche auszustrahlen. Die Zuschauerquote der Sendung ist hervorragend: Mehrere Millionen Fernsehzuschauer verfolgen die gewissenhafte Recherche. Der Beitrag klärt auf und bringt die Unfähigkeit der Leitung der Équipe Cousteau ans Licht, das »symbolträchtige« Schiff wieder instandzusetzen. Um den negativen Eindruck auszugleichen, der durch die Reportage entstanden ist, lässt Francine Cousteau schnell eine neue Nummer der *Calypso Log*[169] drucken. Unter dem Titel »Calypso gerettet!« wird auf den Seiten 10 und 11 wortwörtlich die Erklärung vom 18. November 2004 wiederholt, die Carnival und die Cousteau Society unterzeichnet haben. Aber am interessantesten sind die Illustrationen und das Seitenlayout dieser Verlautbarung. Zwei Fotos ohne Bilduntertitel – und das nicht ohne Grund – ergänzen den Text. Das erste zeigt die *Calypso* in einer Werft, mit Arbeitern auf Gerüsten, die sich am Schiffsrumpf zu schaffen machen. Das einzige Problem dabei: Die Aufnahme stammt aus dem Jahr 1984. Das Bild wurde aufgenommen, als die *Calypso* in Sainte-Augustine, Florida, lag, wo

169 Nr. 227, Dezember 2004.

ihre Beplankung erneuert wurde. Das zweite Foto ist ebenfalls alt, denn es stammt aus dem Jahr 1998. Man sieht die *Calypso* auf dem Trockendock in La Rochelle, als ihr Rumpf kurz nach der Ankunft repariert wurde. Die beiden Fotos, mit denen der Text illustriert ist, könnten einen glauben lassen, dass hier der aktuelle Zustand der Arbeiten am Schiff abgebildet wird, obwohl das jüngste Foto von 1998 ist. Ein Bild der weiß verhüllten *Calypso* bekommt man in dieser Nummer der *Calypso Log* dagegen nicht zu sehen. Ein weiteres Mal sorgt die Équipe Cousteau durch die Art, wie sie das Thema *Calypso* in den Medien behandelt, für große Verwirrung. Die Mitglieder in Frankreich und in den USA müssen sich mit einer versüßten Version der Wirklichkeit zufriedengeben, die rein gar nichts mit dem tatsächlichen Zustand des Schiffes zu tun hat. Ein von Carnival unterstütztes Projekt, die *Calypso* Loël Guinness für 1 Euro abgekauft – Francine Cousteau stößt sämtliche Türen auf. Die Aussichten werden wieder besser für sie. Ein Schloss muss sie aber noch aufbrechen, eine juristisch grundlegende Frage ist noch zu klären:

Wem gehört das Schiff?

Nachdem Loël Guinness ausgestiegen ist, bekommt die COF es wieder mit Francine Cousteau zu tun, denn sie entscheidet sich, den Verband am 21. Dezember 2004 in zweiter Instanz vor das Pariser Zivilgericht zu zitieren. Die erste Anhörung findet einen Monat später, am 28. Januar 2005, unter Vorsitz von Richter Daniel Aragon-Brunet statt. Die Plädoyers werden in einer Atmosphäre höchster Anspannung gehalten. Geneviève Maillet, die Anwältin der COF, erinnert daran, dass das Flaggenzertifikat »eine so große Bedeutung hat, dass man es in jedem Hafen vorzeigen muss, wenn es darum geht, den Besitzer eines Schiffes festzustellen.« Der Anwalt von Francine Cousteau, Jean-Léopold Renard beschuldigt die COF, »eine maßlose Unaufrichtigkeit an den Tag zu legen.« »Die COF«, ergänzt er, »sind von 1951 bis 1996 Mieter des Schiffes gewesen, das ist eine juristische Realität, die nicht in Frage zu stellen ist.« Der vorsitzende Richter gibt den Fall zur Beratung und legt einen neuen

Sitzungstermin auf den 31. März 2005 fest. Rechtsanwalt Renard ist im Hinblick auf das Ergebnis des Prozesses so zuversichtlich, dass er fünf Tage vor dem Datum der Urteilsverkündung bei mehreren Abendveranstaltungen in Marseille ankündigt, das Gericht werde sich seiner Auslegung anschließen und der Équipe Cousteau den Besitz der *Calypso* zusprechen. Vielleicht handelt er da doch ein bisschen zu voreilig. Nach einem Gespräch mit mehreren Journalisten nimmt Renard den TGV nach Paris, um dort am 31. März der Sitzung der zweiten Kammer des Zivilgerichts beizuwohnen. Was er hier hört, macht ihn sprachlos, und Francine Cousteau, die neben ihm sitzt, nicht weniger. Das Urteil des Präsidenten Daniel Aragon-Brunet bestätigt seine eilfertigen Vorhersagen nicht. Ganz im Gegenteil, er weist darauf hin, dass der von der Anglo-Française unterschriebene *bill of sale*[170] der *Calypso* null und nichtig ist. Daher ist die Équipe Cousteau nicht Eigner des Schiffes und kann nicht nach ihrem Willen darüber verfügen. Für Francine Cousteau ist die Entscheidung des Gerichts ein fürchterlicher Rückschlag.

Aber sie hat ihr letztes Wort noch nicht gesprochen

170 Der Kaufvertrag wurde in Englisch aufgesetzt.

Kaiserwetter in Marseille.

Albert Falco und Denis Martin-Laval lassen ihrer Freude freien Lauf. Die Sektkorken knallen.

Lange Gesichter in Paris.

Den Anwälten von Francine war sofort klar, was die Entscheidung des Gerichts in zweiter Instanz zu bedeuten hat.

Die mit Carnival unterzeichnete Abmachung über die Instandsetzung der *Calypso* auf den Bahamas liegt auf Eis. Der Zeitpunkt, den das Kreuzfahrtunternehmen festgelegt hat um die *Calypso* der Öffentlichkeit vorzustellen, kann nicht eingehalten werden, da das Schiff Frankreich nicht verlassen kann. Die Équipe Cousteau hat ihre Absicht bekundet, in die Berufung zu gehen. Dennoch werden Monate verstreichen, bevor ein weiteres Urteil verkündet wird. Aber das Kind ist schon in den Brunnen gefallen. Carnival schleicht sich auf Zehenspitzen aus dem Projekt: Niemals wird die *Calypso* ein fragwürdiges neues Leben als Attraktion in einem Vergnügungspark auf den Bahamas führen. Für die Equipe Cousteau heißt es, die Ärmel hochkrempeln und vor einem Gericht ein neues Urteil erreichen, das sie eindeutig zum Eigentümer der *Calypso* erklärt. William Boudon, einer ihrer Anwälte, bringt die COF und die Zolldirektion in Aix-en-Provence am 26. Mai vor den Gerichtshof in Paris. Sechs Monate später, am 17. November 2005, gibt ihnen der Richter Aragon-Brunet recht und stellt fest, dass das Flaggenzertifikat irrtümlich auf die COF ausgestellt wurde und dass daher folgerichtig die *Calypso* uneingeschränktes Eigentum der Equipe Cousteau ist.

Dieses Mal lassen Francine und ihre Mitstreiter die Sektkorken knallen!

Die endlosen, juristischen Streitereien ermüden auf die Dauer auch die treuesten Kämpfer, während die COF mit Revision drohen. Innerhalb des französischen Taucherverbandes zieht sich Alain Foret aus der Angelegenheit zurück, und Roland Blanc, der Präsident, übernimmt die Akte *Calypso*. Er möchte die Bande zwischen den COF und der Leitung der Équipe Cousteau neu knüpfen. Roland Blanc bringt ein Treffen zwischen der Leitung der Équipe Cousteau und Jean Alinat, dem Präsidenten der COF, zu Stande. Auf der Tagesordnung steht die Einstellung der Feindseligkeiten und die dafür notwendigen Bedingungen beider Seiten. Francine schlägt ein gemeinsames Protokoll vor. Im Klartext: Sie verpflichtet sich, jede gerichtliche Verfolgung der Mitglieder der COF einzustellen (ausgenommen im Zusammenhang mit Prozessen, in denen Jean-Michel Cousteau ihr Gegner ist), wenn im Gegenzug die COF ihrerseits unter die juristische Auseinandersetzung einen Schlussstrich ziehen. Alinat bittet um Bedenkzeit und bespricht sich mit den Mitgliedern der COF. Der Vorschlag wird einstimmig abgelehnt und die COF beauftragt einen Anwalt mit der Vertretung ihrer Interessen vor einem Berufungsgericht. Auch dieses Gericht bestätigt einige Monate später das Urteil des Gerichts in Paris.

Kommentar von Francine Cousteau: »Diese Verbissenheit zeigt sehr wohl, dass es der COF nicht um die Restaurierung der *Calypso* geht. Jede weitere Verzögerung muss schreckliche Auswirkungen auf den Zustand des Schiffs haben.« Gleichzeitig unterzeichnet sie mit dem französischen Taucherverband ein Abkommen zur Zusammenarbeit. Gemeinsam verfassen sie einen Spendenaufruf für die Instandsetzung der *Calypso*. Das Resultat ist mager: nur etwa 10 000 Euro kommen zusammen. Andere Finanzierungsquellen müssen aufgetan werden, während man sich in La Rochelle in aller Heimlichkeit an der *Calypso* zu schaffen macht.

September 2007

In La Rochelle ist die komplette maritime Szene in Aufruhr. Die *Calypso* soll um den 10. Oktober herum den Hafen verlassen. Wieder einmal muss man sie für eine Reise von zwei bis drei Tagen, diesmal mit Ziel Concarneau, transportfähig machen. Patrick Schnepp hat so seine Zweifel: »Ich glaube kaum, dass das Schiff stabil genug ist, um diese Reise übers Meer zu packen«, schätzt der Direktor des Meeresmuseums von La Rochelle die Lage ein. Aber die Mannschaft, die Francine aufgestellt hat, ist anderer Meinung. Unter der Leitung des Fachmanns Laurent Cordelle und Patrice Quesnel, dem Kommandanten der *Alcyone* wird die *Calypso* von schweren Teilen befreit und stabilisiert. Ein Taucher inspiziert den Rumpf, der die Reise nach Concarneau aushalten muss. Die Equipe Cousteau hat ein Abkommen mit der Finistère – einer Werft für Schiffsbau und Schiffsreparatur – unterzeichnet.

Schönes Wetter und eine Reise ohne große Sorgen für die *Calypso,* die dann am 12. Oktober 2007 an einem Kai der Werft anlegt. Die Arbeiten können beginnen. Sie werden sehr lange dauern und viel Geld kosten. Übrigens: Wie hat Francine die Geldmittel zusammenbekommen, die ihr die Restaurierung des Schiffes ermöglichen? Auch dieses Mal hüllt sich die Équipe Cousteau wie immer in totales Stillschweigen. Aber immerhin hat Francine zwei Partner überzeugen können: Den schweizerischen Uhrenhersteller IWC und die Versicherungsgruppe Axa. Die Höhe und die Zusammensetzung ihrer Zuschüsse sind niemals bekannt geworden. Über die *Calypso* weiß man auch nicht mehr. Möchte die Équipe Cousteau sie in ein Museum umbauen oder sie wieder seetüchtig machen? Auch hier: nur vage Pläne, auch wenn Roland Blanc sich vorstellen kann, dass die *Calypso* wie ein Botschafter der Meere an der Mittelmeerküste von Hafen zu Hafen fährt.

Immerhin gibt es bis heute doch einige sichere Informationen. Die Arbeiten gehen voran. Im Augenblick betreffen sie in erster Linie den Rumpf der *Calypso,* aber die Experten gehen davon aus, dass man das frühere Minensuchboot vollständig neu aufbauen muss.

Neun lange Jahre am Kai von La Rochelle, ohne dass man sich um sie gekümmert hat – darunter hat das Schiff von Kommandant Cousteau wirklich gelitten. In ungefähr einem Jahr soll es wieder zu Wasser gelassen werden. Fotoapparate und Kameras sind in der Umgebung der Werft streng verboten. Die Mitarbeiter weigern sich, den Journalisten Auskunft zu geben. Aber immerhin kann man niemandem verbieten, einen Blick auf das Schiff zu werfen. So sehe ich an einem Tag im Juli 2008, als ich die *Calypso* zum ersten Mal seit ihrer Abreise aus La Rochelle besuche, immer mehr Gefährten ihrer schweren letzten Jahre auf dem Kai. Alle sind sie da: Pioniere und zeitweilige Mitarbeiter, und enge Familienmitglieder. Sie kommen immer wieder auf den Kai und ihre Augen funkeln: Die *Calypso* erwacht wieder zum Leben, und das ist wirklich eine gute Nachricht. Wohin ihre Reise später geht, ist noch ein Geheimnis, aber ganz sicher werden diese Reisen ihre abenteuerliche Vergangenheit wiederspiegeln, als das Schiff von Kommandant Cousteau jeden Windstoß parierte, um mit dem nächsten noch besser fertig zu werden.

Trotz aller Klippen: die *Calypso*, die alte Dame, hält viele Stöße aus
Das Schiff des Kommandanten ist hart im Nehmen.

AN DEN LESER

Es geht um Jacques-Yves Cousteau.

Länger als ein Jahr bin ich der Frage nachgegangen, wie es um das Lebenswerk eines der wichtigsten Männer des 20. Jahrhunderts und die Erinnerung an ihn bestellt ist.

Dieses Buch enthält die Ergebnisse meiner Recherchen.

Der Anlass dafür, mich mit diesem Thema zu beschäftigten, war meine Reportage für das Fernsehen über den katastrophalen Zustand der *Calypso*.Ich bin gänzlich unvoreingenommen an diese Untersuchung herangegangen, und sie hat mich auf unerwartete, oft überraschende Spuren geführt. Das vorliegende Buch enthält eine ganze Reihe von Enthüllungen. Um es zu schreiben, habe ich mich mit mehr als achtzig Personen getroffen, die in der Vergangenheit auf die unterschiedlichste Weise am Lebenswerk von Jacques-Yves Cousteau beteiligt waren, sowie auch mit zahlreichen Beteiligten aus der Zeit nach seinem Tod im Juni 1997. Der größte Teil meiner Informanten, von den Pionieren bis zu den jüngsten Mitarbeitern der Équipe Cousteau, wurden mehrmals interviewt. So konnte ich die Zeugenaussagen, die das Gerüst dieses Buches sind, in ihrem Gesamtzusammenhang überprüfen und bestätigen. Viele der Personen, die zum Abenteuer Cousteau dazugehört hatten, waren einverstanden, offen mit mir zu sprechen, so als könnten sie sich damit endlich von einer *omerta* befreien, einer Schweigepflicht, die lange Zeit das Imperium des Mannes mit der roten Mütze beherrscht hat. Einige haben mich aus Angst vor einem Prozess oder weil sie sich so einfach wohler fühlten, gebeten, nicht genannt zu werden, was ich respektiere. Ich bin berechtigt, die mir außerhalb der Interviews anvertrauten Informationen zu verwenden, ohne meine Quellen namentlich zu nennen. Ich erfülle ihren Wunsch nach Anonymität. Das vorliegende Material ist deshalb aber nicht weniger ergiebig und stichhaltig. Die

Mehrheit meiner Gesprächspartner war der Meinung, es sei an der Zeit das Schweigen zu brechen.

Da ich tiefsten Respekt für die Arbeit von Kommandant Cousteau empfinde, schien es mir wichtig, mir auch ein Bild von seiner Nachfolge zu machen. Ganz zu Beginn meiner Untersuchung hatte ich anlässlich einer Abendveranstaltung im Marinemuseum von Paris die Gelegenheit, der zweiten Frau des Kommandanten, Francine Cousteau, zu begegnen. Ich war überzeugt davon, dass ihre Aussage für meine Arbeit unverzichtbar ist und dass sie zu ihren Aktivitäten und Verwaltungstätigkeiten als Präsidentin der Cousteau Society in den Vereinigten Staaten und der Équipe Cousteau in Frankreich Stellung nehmen sollte. Trotz mehrerer Anfragen meinerseits hat Francine Cousteau einem Treffen nicht zugestimmt. Dies bedauere ich zutiefst. Einem Vermittler erklärte sie, sie werde »niemals an einer Unternehmung teilnehmen, deren erklärtes Ziel es ist, das Lebenswerk meines Mannes zu zerstören.«

Das ist nie meine Absicht gewesen.

Um Francine Cousteau dennoch zu Wort kommen zu lassen, musste ich Mitschriften ihrer Äußerungen in Interviews oder Reportagen recherchieren, in denen sie sich zu aktuellen Begebenheiten, die auch die Équipe Cousteau oder die Cousteau Society betrafen, offen geäußert hat. Diese Zitate stammen alle aus zugänglichen Archiven. Und schließlich war es mir auch wichtig, dass die Richtigkeit jeder Information im Buch durch öffentliche oder private Dokumente – seien es Testamente, Briefe, Faxe, Steuererklärungen oder Expertisen – bewiesen wird.

Oft ist es sehr schwierig und kostet sehr viel Kraft, an ein Originaldokument oder an geheime Unterlagen zu kommen. Aber die Suche nach der Wahrheit jenseits öffentlicher Erklärungen ist die einzig erfolgreiche Waffe.

KURZBIOGRAPHIE JACQUES-YVES COUSTEAU

11. JUNI 1910	Jacques-Yves Cousteau wird in Saint-André-de-Cubzac geboren. Sein Vater, Daniel Cousteau, war Rechtsanwalt
1930	Cousteau besucht nach Abschluss des Gymnasiums die Marineschule in Brest
1933	Mit einem Offizierspatent in der Tasche geht er an Bord der »Jeanne d'Arc«, dem damaligen Schulschiff der französischen Marine
1936	Ein schwerer Autounfall zerstört seinen Lebensplan, Pilot zu werden
1936	Cousteau entwickelt ein wasserdichtes Gehäuse für Kameras und dreht seinen ersten Unterwasserfilm
1937	Heirat mit Simone Melchior, geb. am 19. Januar 1919 in Oran, Algerien. Sie stammt aus einer sehr vermögenden Familie. Ihr Vater und ihr Großvater waren beide Admirale der französischen Marine. Sie ist erst 17 Jahre alt, als sie Cousteau trifft und ein Jahr später heiratet
1938	Der erste Sohn, Jean-Michel, wird geboren
1940	Geburt des Sohnes Philippe
1939-1945	Offizier im Dienst der französischen Kriegsmarine. Für Spionageaufträge filmt Cousteau mit einer ersten Unterwasserkamera Wracks im Mittelmeer
1943	Cousteau entwickelt zusammen mit Émile Gagnan einen Atemregler, der ab 1945 erfolgreich als Aqualunge CG45 auf den Markt kommt
1947	Mit seiner Aqualunge erreicht Cousteau eine Tiefe von 91,5m
1950	Cousteau verlässt die Marine
1950	Zusammen mit Thomas Loël Guinness, Besitzer einer Brauerei in Irland, entdeckt Cousteau in Malta ein aufgelassenes Minensuchboot. Guinness erwirbt das Schiff und überlässt es Cousteau für einen symbolischen Preis von 1.- $. Die Calypso wird zum hochmodernen Forschungsschiff umgebaut. Cousteau unternimmt auf diesem Schiff über 50 Expeditionen in alle Meere
1956	Gemeinsam mit Louis Malle dreht Cousteau den Film »Le Monde du Silence« (Schweigende Welt), der die Goldene Palme bei den Filmfestspielen in Cannes gewinnt
1957-1988	Cousteau ist Direktor des Musée Océanographique in Monaco
1957	»Le Monde du Silence« gewinnt den Oscar für den besten Dokumentarfilm

1959	Oscar für den besten Kurzfilm für »Le Poison d'Or«
1960	Cousteau engagiert sich gegen die Verklappung radioaktiver Abfälle im Mittelmeer und kann Charles de Gaulle für sein Anliegen gewinnen. Mehrfach spricht er vor der UNO und erreicht, dass die Antarktis zur Schutzzone erklärt wird
1963	In Conshelf II leben fünf Männer – die ersten Ozeanauten – dreißig Tage lang unter Wasser in einer Tiefe von 10 m.
1965	In Conshelf III leben sechs Männer drei Wochen lang in einer Tiefe von 100 m
1965	»Le Monde sans Soleil« (Welt ohne Sonne) erhält einen Oscar für den besten Dokumentarfilm
1973	Gründung der »Cousteau Society« in den USA
1977	Cousteau erhält den internationalen Umweltpreis der UNO
1978	Bei einem Flugzeug lernt Cousteau die Stewardess Francine Triplet kennen. Sie wird seine Geliebte. Jahrelang hält er seine Liaison vor der Öffentlichkeit verborgen. Weder seine Frau noch seine erwachsenen Kinder wissen davon
1979	Philippe Cousteau kommt bei einem Flugzeugabsturz in Portugal ums Leben
1980	Diane, Cousteaus Tochter aus der Verbindung mit Francine Triplet, wird geboren
1981	Cousteau gründet in Frankreich die »Fondation Cousteau« zur Erforschung der Ozeane und zum Schutz der Natur. 1992 wird die Fondation Cousteau in »Équipe Cousteau« umbenannt
1982	Pierre-Yves, Cousteaus Sohn aus der Verbindung mit Francine Triplet, wird geboren
1985	Jungfernfahrt der »Alcyone«, das zweite Schiff Cousteaus, das bis heute auf den Meeren unterwegs ist
1988	Cousteau wird in die Académie française aufgenommen
1990	Tod von Simone Cousteau
1991	Cousteau heiratet Francine Triplet
1992	Cousteau reicht beim Umweltgipfel in Rio de Janeiro eine Petition »Für die Rechte zukünftiger Generationen« ein, für die er mehr als fünf Millionen Unterschriften gesammelt hat
1996	Die Calypso sinkt im Hafen von Singapur
25. JUNI 1997	Jacques-Yves Cousteau stirbt in Paris

Zum Schmunzeln und mehr Wissen

Ochsenbauer/Schremser
Nullzeit, Sex und Tiefenrausch
224 Seiten, 96 Farbfotos
€/D 16,95; €/A 17,50; sFr 31,30
ISBN 978-3-440-10762-1

- Das erste Buch im Guiness-Buch der Rekorde!
- Wie funktioniert ein Tiefenmesser? Kann man unter Wasser Sex haben? Warum beschlagen Tauchermasken?
- Die Autoren geben informative und witzige Antworten auf 333 Fragen rund um den Tauchsport und die Unterwasserwelt.

Ochsenbauer/Hantschel
Noch mehr Sex und Tiefenrausch
224 Seiten, 92 Farbfotos
€/D 16,95; €/A 17,50; sFr 31,30
ISBN 978-3-440-11443-8

- Haben Sie sich schon einmal gefragt, warum Ihr Baby tauchen kann? Oder möchten Sie wissen, welches Unterwasserlebewesen den stärksten Biss hat?
- Weitere 333 Taucherfragen und ihre professionellen und manchmal augenzwinkernden Antworten!

www.kosmos.de/tauchen

Preisänderung vorbehalten

KOSMOS

Eintauchen und erleben

Carlos Eyles
The Blue Edge
296 Seiten, 16 Abbildungen
€/D 19,95
€/A 20,60; sFr 36,90
Preisänderung vorbehalten
ISBN 978-3-440-11046-1

■ Carlos Eyles begibt sich auf eine Reise zu einem weit entfernten Tauchrevier, von dem die Taucher untereinander erzählen, dass es noch völlig unberührt sei und dort die fantastischsten Fische zu sehen wären. Sein Tagebuch schildert die Suche nach seinem Traum ...

www.kosmos.de/tauchen

KOSMOS

Aus dem Französischen übersetzt von: Cordula Unewisse, Rund um Sprache
Titel der französischen Originalausgabe: La Dernière Aventure de la Calypso
Erschienen bei Éditions Glénat, BP 177, F - 38008 Grenoble Cedex unter
ISBN 978-2-7234-5190-0, © 2005

Umschlaggestaltung von Populärgrafik, Stuttgart unter Verwendung eines Fotos von © Bettman/Corbis

1 Schwarzweißfoto aus der Sammlung Jean-Pierre Cousteau (Seite I), 3 Zeichnungen (Seiten 4, 83, 180), 4 Farbfotos (Seiten IV, V, VII) und 1 Schwarzweißfoto (Seite 99) von Dominique Sérafini, 5 Farbfotos (Seiten II oben, VI und VIII) von Bernard Deguy, 1 Farbfoto (Seite II unten) aus der Sammlung Denis Martin-Laval, 1 Farbfoto (Seite III oben) © A. K. Kallouche/Sud-Ouest, 2 Farbfotos (Seite III unten, VII unten) © P. Couillaud/Sud-Ouest, 1 Farbfoto (Seite VI oben) © P. Wallet/Gamma, Eyedea

Unser gesamtes lieferbares Programm und viele
weitere Informationen zu unseren Büchern,
Spielen, Experimentierkästen, DVDs, Autoren und
Aktivitäten finden Sie unter **www.kosmos.de**

Für die deutschsprachige Ausgabe:
Gedruckt auf chlorfrei gebleichtem Papier
© 2008, Franckh-Kosmos Verlags-GmbH & Co. KG, Stuttgart.
Alle Rechte vorbehalten
ISBN 978-3-440-11735-4
Redaktion: Monika Weymann
Assistenz: Bénédicte Ehmann
Layout und Satz: Populärgrafik Stuttgart
Produktion: Eva Schmidt
Printed in The Czech Republic / Imprimé en République Tchèque